国家中职示范校数控类专业
优质核心专业课程系列教材

SHUKONGXI JIAGONG ZHONGXIN BIANG...UO

数控铣、加工中心编程与操作

◎ 主编 杨 立 吴利红

西安交通大学出版社
XI'AN JIAOTONG UNIVERSITY PRESS

图书在版编目（CIP）数据

数控铣、加工中心编程与操作 / 杨立，吴利红主编. —西安：西安交通大学出版社，2015.9（2023.8重印）

ISBN 978-7-5605-7960-3

Ⅰ.①数… Ⅱ.①杨… ②吴… Ⅲ.①数控机床—铣床—程序设计—中等专业学校—教材 ②数控机床加工中心—程序设计—中等专业学校—教材 Ⅳ.①TG547 ②TG659

中国版本图书馆 CIP 数据核字（2015）第223208号

书　　名	数控铣、加工中心编程与操作	
主　　编	杨　立　吴利红	
策划编辑	曹　昳	
责任编辑	杨　璠	
文字编辑	张　欣	

出版发行　西安交通大学出版社
　　　　　（西安市兴庆南路1号　邮政编码710048）
网　　址　http://www.xjtupress.com
电　　话　（029）82668357 82667874（市场营销中心）
　　　　　（029）82668315（总编办）
传　　真　（029）82668280
印　　刷　西安日报社印务中心
开　　本　880 mm×1230 mm　1/16　印张　15　字数　375千字
版次印次　2016年2月第1版　2023年8月第2次印刷
书　　号　ISBN 978-7-5605-7960-3
定　　价　48.00元

为了进一步适应产业转型升级的要求，突出职业能力培养与企业岗位能力的无缝对接特点，实现校企双制、工学一体人才培养模式，更好的服务用人企业的需求，数控技术应用专业教研组组织教师进行了大量的企业调研，结合企业生产实际，以"国家职业标准"为依据。提取了一系列企业生产的典型实例，按照"以工作过程为导向"的课程改革思想，编写了数控铣技能训练课程教材，并邀请企业一线专家参与了教材的编写与审定，数控铣技能训练本教材突出了以下特点。

①以典型课题，项目引导为主线，将基本知识和技能穿插于项目教学过程之中，实现了教、学、做过程的有效结合。

②项目教学过程中突出了学生自主学习能力的培养，以实际工作任务为载体，引导学生应该掌握的相关知识点和技能点，并大致以基本工艺知识、编程知识、典型案例、思考练习、拓展等组织教材内容，体现一体化的教学方法。

③本课程一共由14个项目组成，每个项目由项目导入、项目指定、项目计划、项目准备、项目实施、项目总结、项目训练、思考与练习等环节构成，分别以任务驱动的方式进行教学实施。各个项目中融入数控技术基本知识、数控加工工艺与编程、数控原理与数控系统，以及检测技术等内容。尽量减少理论教学的枯燥、抽象，本着"易教易学"与"贴近生产实际"的核心思想，突出职业教育教学理论与实践的相结合。

本教材编写由陕西省机械高级技工学校杨立、吴利红担任主编，张年担任主审。参加编写的还有刘秀霞、董俊锋、龙燕、王猛、魏军辉。本书的编写者有长期的企业实践工作经历以及教学经验的总结，在参编过程中参考了大量的企业实际加工案例，还参考了相关单位、高校出版的教材以及企业的技术资料。由于编者能力有限，书中定有些不足之处，恳请读者批评指正。

数控技术应用专业小组

2015年1月8日

C目录
Contents

项目一

数控铣床基本操作

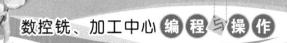
项目导入

常用的数控机床的种类及工作过程如图1-1～图1-5所示。

图1-1　数控铣床

图1-2　加工中心

图1-3　数控车床

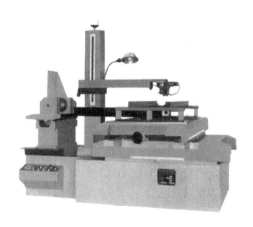

图1-4　线切割

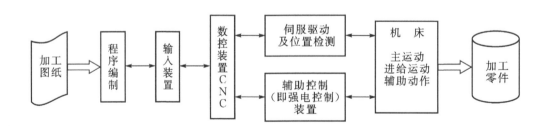

图1-5　数控机床的工作过程

项目指定

一、项目内容

本项目要求学生掌握数控机床的基本分类以及数控铣床的基本操作。

二、重点与难点

（1）数控机床的基本分类。

（2）数控铣床的手动、电子手轮的操作和使用。

（3）各种基本模式的切换和使用方法。

（4）程序的建立和删除。

（5）程序的输入和编辑。

三、相关知识与技能要点

（1）能熟练掌握数控铣床的操作面板。

（2）能熟练的掌握程序建立和删除的方法。

（3）熟练的进行程序的编辑和输入。

项目计划

一、项目任务分析

1. 项目特点

熟悉数控机床的安全操作；掌握数控系统的种类及其数控铣床的基本结构和发展前景；熟悉并掌握数控铣床的操作面板。

2. 项目中的关键工作

（1）进一步加强学生对数控机床的安全操作意识；

（2）了解数控在现代生产中的地位和发展方向；

（3）熟练掌握各操作按键的名称和功能。

3. 完成时间

此项目完成时间为：120分钟/人。

二、分工与进度计划

1. 成员分组

每组5人，根据学生的总人数酌情分为4～6个小组，并由教师指定或由学生自己选出小组长一名，学习过程中由小组长组织学生进行讨论和资料的收集及整理。学生分组时注意学生的搭配，特别应该注意由于每个学生的学习能力有强有弱，每个小组的学生配备应该均衡、优生差生相结合，这样才能取得较好的学习效果。

2. 编写项目计划

项目计划见表1-1。

表1-1   项目计划

任务	内容	时间/h	人员	备注
任务一	数控机床的分类、常用的数控系统及特点	2	每组人员	小组所有人员进行讨论、查阅相关资料
任务二	广数控、华中数控机床操作面板的使用方法	2	每组人员	
任务三	程序的建立及编辑方法	3	每组人员	
任务四	在给定的时间内完成一段程序的输入和编辑	2	每组人员	
任务五	项目质量检验及质量分析	2	每组人员	

项目准备

一、资源要求

（1）设备：数控铣床一台型号为GSK-990MA、每组学生配备一台设备。

（2）常用刀具若干。

（3）通用量具及工具若干。

二、相关资料

《金属切屑手册》、《铣工工艺学》、《数控铣床的编程及操作》等。

三、项目知识准备

数控铣床的组成（以XK714B数控铣床为例）如图1-6所示。

数控铣床由三大部分组成：机械部分、电气部分、数控部分。

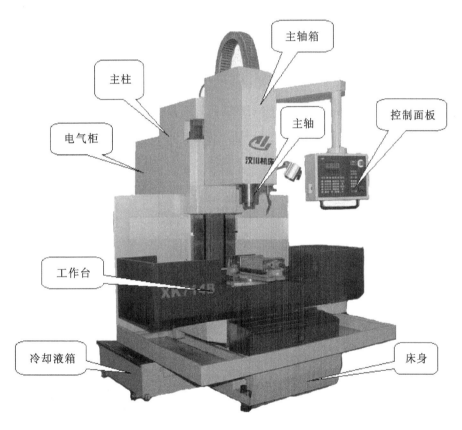

图1-6 数控铣床的组成

1. 机械部分

机械部分分为六大块，即床身，主轴部分，工作台，横向进给部分，升降台部分，冷却、润滑部分。

（1）床身：内部布筋合理，具有良好的刚性，底座上设有4个调节螺栓，便于机床调整水平，冷却液储液池设在机床内部。

（2）主轴部分：由变频电机和主轴两个部件组成。主轴支承在高精度轴承上。保证主轴具有高回转精度和良好的刚性，主轴装有快速换刀螺母，前端锥孔采用ISO30#锥度。主轴采用变频电机实现无级变速，调节范围宽，传动平稳，操作方便。主轴内配备自动刹车制动机构能使主轴在需要的时候迅速制动。主轴内部的变频伺服电机、内齿带轮、滚珠丝杆副及主轴套筒形成垂直向（Z向）进给传动链，使主轴作垂向直线运动。

（3）工作台：与床鞍支承在升降台较宽的水平导轨上，工作台的纵向进给是由安装在工作台右端的伺服电机驱动的。通过内齿带轮带动精密滚珠丝杠副，从而使工作台获得纵向进给。工作台左端装有手轮和刻度盘，以便进给手动操作。床鞍的导轨面均采用了TURCTTE—B贴塑面，提高了导轨的耐磨性，运动的平稳性和精度的保持性，消除了低速爬行现象。

（4）横向进给部分：在升降台前方装有交流伺服电机，驱动床鞍作横向进给运动，其工作原理与工作台纵向进给相同。另外，在横向滚珠丝杠前端还装有进给手轮，可实现手动进给。

（5）冷却、润滑部分：冷却部分是由冷却泵、出水管、回水管、开关及喷嘴等组成，冷却泵安装在机床底座的内腔里，将冷却液从底座内储液池打至出水管，再经喷嘴喷出，对切削区进行冷却。润滑部分是由手动润滑方式，用手动润滑油泵，通过分油器对主轴套筒，导轨及滚珠丝杠进行润滑，以提高机床的使用寿命。

2. 电气部分

分为强电与弱电二大块，强电部分的电器柜控制主轴、冷泵，润滑。弱电的控制面板控制伺服单元、进而控制伺服电机与编码器。本机床采用三相380 V交流电源供电，空气开关控制机床总电源的通断。同时该空气开关的通断还受钥匙开关和开门断电开关的保护控制使机床只有在钥匙打开和电气箱关闭的情况下才能通电，本机床用变频器控制主轴电机，主轴的转速由变频器对主轴电机的转速进行无级调速。

3. 数控部分

数控部分就是机床的控制面板，XK714B的数控部分采用FANUC-Oi系统，该系统在控制电路中采用了32位高速微处理器及大规模集成电路，半导体存储器，实现了高速度，高可靠性的要求。CNC主印刷板，电源板，输入/输出接口板全部安装在一块基板上，与机床的强电箱易于组合。系统内还配有强力PMC，实现了机械加工的高速化及机床方面强电路的简化。

4. 数控铣床（XK5025）的主要技术规格

工作台行程（$X \times Y \times Z$）：680 mm×350 mm×400 mm。工作台允许最大承载250 kg。主轴转速范围：0～3000 r/min。进给速度：0～1.2 m/min。电机总容量：11 kW。脉冲当量：0.001 mm。重复定位精度±0.013 mm/300 mm、±0.005 mm。

5. 数控系统简介

（1）国外主要数控系统：以日本FANUC、德国SIEMENS、美国A-B公司和西班牙FAGOR生产的为主。

（2）国内主要数控系统：华中数控、北京KND数控和广州GSK数控。

（3）华中数控系统简述：是由武汉华中数控股份有限公司与华中理工大学联合研制开发的。目前主要的型号有：华中I型（HNC-1）和华中世纪星（HNC-21M）。

6. 数控铣床的主要功能

（1）点位控制功能。利用这一功能，数控铣床可以进行只需要作点位控制的钻孔、扩孔、绞孔和镗孔等加工。

（2）连续轮廓控制功能。

数控铣床通过直线插补和圆弧插补，可以实现对刀具运动轨迹的连续轮廓控制，加工出有直线和圆弧两种几何要素构成的平面轮廓工件。对非圆曲线构成的平面轮廓，在经过直线和圆弧逼近后也可以加工。除此之外，还可以加工一些空间曲面。

7. 数控铣床的加工工艺范围

铣削是机械加工中最常用的加工方法之一，主要包括平面铣削和轮廓铣削，也可以对零件进行钻、扩、铰和镗孔加工与攻丝等。适于采用数控铣削的零件有箱体类零件、变斜角类零件和曲面类零件。

四、实习操作教学内容

1. 数控铣床的操作面板讲解

FANUC数控铣床操作面板介绍。

（1）数控铣床操作面板基本功能介绍。

以数控铣床型号XK714G，选用FANUC 0i-MD数控系统为例，介绍数控铣床的操作，如图1-7所示。

机床操作面板由CRT/MDI面板和两块操作面板组成。

（2）CRT/MDI面板。

如图1-7所示，CRT/MDI面板有一个CRT显示器和一个MDI键盘组成，CRT/MDI面板的主功能键功能如下。

①手动状态；

②自动状态；

③编辑状态（程序的输入及编辑）；

④MDI；

⑤电子手轮。

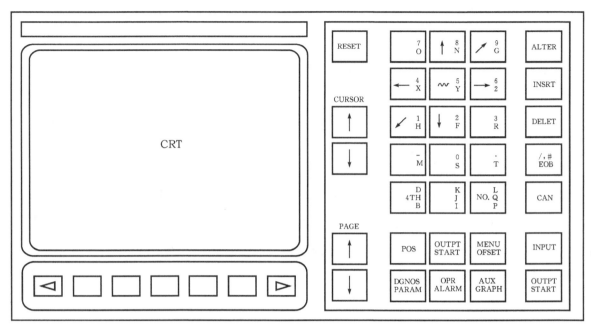

图1-7　CRT/MDI面板

2. 实习课题

（1）给学生示范手动状态下的操作方法。

（2）给学生示范电子手轮的操作方法。

（3）给学生示范程序的输入及编辑。

（4）要求学生输入课本中的一段程序，必须在规定的时间内完成，同时要求准确率必须达到100%。

项目实施

一、数控机床的分类

（1）要求学生通过上网查资料等方法和手段列举出数控机床的类型，种类越多越好。

（2）让学生了解数控机床的基本功能，并让学生结合普通铣床指出数控铣床在外形上和普通铣床的区别。

（3）收集数控系统的种类，说出不同的数控系统在外形和操作面板上的不同点。

①手动状态；

②自动状态；

③编辑状态（程序的输入及编辑）；

④MDI；

⑤电子手轮；

⑥实习课题；

⑦给学生示范手动状态下的操作方法；

⑧给学生示范电子手轮的操作方法。

（4）数控系统基本结构。

二、数控机床操作面板的使用方法

1. 数控铣的安全操作

让学生学习并遵循数控铣安全操作规程。

2. 机床的开启

①机床开启的顺序；

②机床关闭的顺序；

③注意事项。

3. 操作面板的介绍

①编辑功能键；

②数控铣床的功能键。

三、程序的建立及编辑方法

（1）首先进入编辑状态下。

（2）输入文件名。

文件名命名的规则：字母O为地址字，不超过四位的阿拉伯数字如O1234。

（3）输入程序内容。

（4）使用机床面板上的编辑键对输入的各类字符进行编辑。

四、程序的输入和编辑

在规定的时间内输入并编辑下列程序行。

O0001

N001　G90　G54　S300　M03;

N002　G01　Z5　F2000;

N003　X0　Y0;

N004　L1；

N005　G42　X34；

N006　Z0.5　F500；

N007　Z-5　F100；

N008　M98　P2；

G69；

M98　P3　L3；

G69；

M98　P4　L3；

G69；

M98　P5；

M98　P6；

N009　Z5　F2000；

N010　G40　X0　Y0；

N011　G69；

N012　L3　P2；

N013　G158；

N014　L4；

N015　M30；

O0002

N001　G42　X34；

N002　Z0.5　F500；

N003　Z-8　F100；

N004　G03　I-34；

N005　G01　Z5　F2000；

N006　G40　X0　Y0；

N007　M99；

O0003

N001　G91　G68　X0　Y0　R60；

N002　G90　X34　Y0　F100；

N003　M99；

O0004

N001 G42 X34 Y-7.5；

N002 Z0.5 F500；

N003 Z-4 F100；

N004 X-34；

N005 Y7.5；

N006 X34；

N007 Z5 F2000；

N008 G40 X0 Y0；

N009 G68 X0 Y0 R90°；

N010 M99；

O0005

N001 G42 X10；

N002 Z0.5 F500；

N003 Z-10 F100；

N004 G02 I-10；

N005 G01 Z5 F2000；

N006 G40 X0 Y0；

N007 M99；

五、项目质量检验及质量分析

（1）项目质量检验依据评分标准进行相关项目的检测。程序的输入及编辑评分见表1-2。

表1-2 程序的输入及编辑评分表

班级			姓名			学号	
项目名称	程序的输入及编辑					检测人	
序号	检测项目		配分	评分标准		检测结果	得分
1	程序名		15	不正确不得分			
2	程序的格式		15	不正确不得分			
3	程序的正确性		30	每错一处扣1分			
4	10分钟完成		30	超时不合格			
5	安全、文明生产		10	违规扣分，扣完为止			

（2）质量分析。

①要求必须在规定的10分钟之内完成，未能完成者说明熟练程度不够，要求继续练习，个别学生在此环节会出现不达标的现象，主要原因是练习的程度不够，要严格要求学生在此环节的练习，为以后的学习打下一个良好的基础。

②程序名不对是对程序的命名规则不熟悉。

③安全文明要求学生在使用机床是能够遵守机床的操作规程。

项目总结

本项目主要要求学生对数控铣床有一个初步的认识。

（1）数控机床的基本分类。

（2）数控铣床的手动、电子手轮的操作和使用。

（3）各种基本模式的切换和使用方法。

（4）程序的建立和删除、程序的输入和编辑。

项目训练

（1）广数控的操作和练习。

（2）华中数控的操作和练习。

（3）SIEMENS802S及802D系统的操作和练习。

（4）FANUC-0i系统的操作和练习。

思考与练习

（1）常用的数控铣床系统有哪些？

（2）数控铣床和普通铣床的最大区别是什么？

项目二

零点偏移

项目导入

常用的数控机床的坐标系种类有如下几种，如图2-1所示。

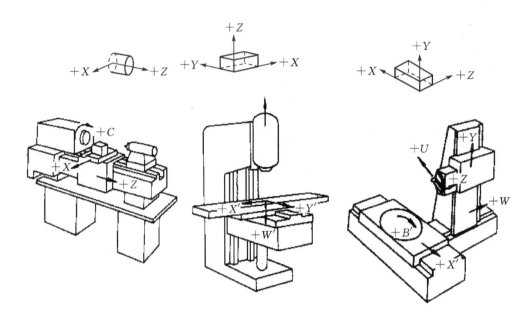

图2-1　常用机床的坐标系

机床坐标系和工件坐标系如图2-2所示。

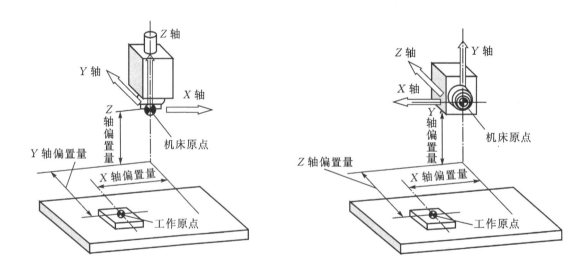

图2-2　机床坐标系和工件坐标系

项目指定

一、项目内容

本项目要求学生掌握数控机床的坐标系及零点偏移的操作方法。

二、重点与难点

（1）数控铣床的坐标系。

（2）数控铣床的机床坐标系。

（3）数控铣床的工件坐标系。

（4）通过补偿的方式，使机床坐标系的位置移动到用户需要的位置。

三、相关知识与技能要点

（1）机床坐标系的位置；

（2）工件坐标系的位置；

（3）机床零点与机床坐标系建立方法；

（4）工件坐标系建立的原则；

（5）零点偏移的实质是通过G54～G59进行补偿，使两坐标系能够统一；

（6）方台类零件的对刀方法；

（7）对刀的注意事项；

（8）用百分表找正工件的方法；

（9）找正工件的注意事项；

（10）检验工件坐标系的正确性（采用程序）；

（11）观察、归纳并总结对刀方法。

项目计划

一、项目任务分析

1. 项目特点

熟悉数控机床的安全操作；掌握数控系统的种类及其数控铣的基本结构和发展前景；熟悉并掌握数控铣的操作面板。

2. 项目中的关键工作

（1）熟练掌握数控铣床对刀的方法；

（2）对于不同类型的工件能够建立工件坐标系；

（3）进一步加深机床坐标系、工件坐标系之间的联系；

（4）检验工件坐标系建立的正确性。

3. 完成时间

此项目完成时间为：120分钟/人。

二、分工与进度计划

1. 成员分组

每组5人，根据学生的总人数酌情分为4～6个小组，并由教师指定或由学生自己选出小组长一名，学习过程中由小组长组织学生进行讨论和资料的收集及整理。学生分组时注意学生的搭配，特别应该注意由于每个学生的学习能力有强有弱，每个小组的学生配备应该均衡、优生差生相结合，这样才能取得较好的学习效果。

2. 编写项目计划

项目计划见表2-1。

表2-1　项目计划

任务	内容	时间/h	人员	备注
任务一	数控铣床的机床坐标系和工件坐标系的位置关系	2	每组人员	小组所有人员进行讨论、查阅相关资料
任务二	广数控、华中数控铣床的零点偏移	2	每组人员	
任务三	项目质量检验及质量分析	3	每组人员	

项目准备

一、资源要求

（1）设备：数控铣床一台型号为GSK-990MA、每组学生配备一台设备。

（2）常用刀具若干。

（3）通用量具及工具若干。

二、相关资料

《金属切屑手册》、《铣工工艺学》、《数控铣床的编程及操作》等。

三、项目知识准备

（一）坐标系

（1）坐标系的规定。

X纵向；

Y横向；

Z上下方向，传递动力的方向为主轴。

旋转方向：右手螺旋法则，如图2-3所示。

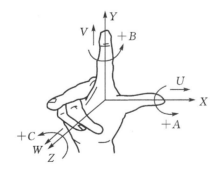

图2-3　右手螺旋法则

（2）绝对坐标系。

①机床坐标系：固定不动三个方向的最大极限位置。

②工件坐标系。

③编程坐标系。

实质：机床上只有一个坐标系，（零点偏移）G54～G59，如图2-4所示。

用G54～G59设定工件坐标系时，必须通过偏置页面，预先将G54～G59设置在寄存器中，编程中再用程序指定。因此，也叫工件坐标系的偏置。

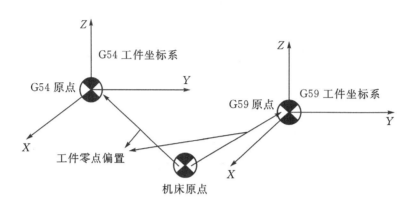

图2-4　零点偏移

（二）编程

把被加工零件工艺过程、工艺参数、运动要求、刀具路径用数控语言记录在控制介质上并把点输入数控装置。

（1）工艺过程。

（2）工艺参数。

①刀具；

②切削速度；

③工进速度。

（3）数控语言。

①EIA为USA电子协会标准，小写；

②ISO为国际标准，一般为大写。

（4）控制介质：存储器。

①穿孔纸带的形成；

②3.5英寸软盘：1.44 MB；

③优盘：128 MB、256 MB、512 MB；

④光盘CD：650 MB、CD-R；

⑤DVD：4.36 GB、CD-RW；

⑥磁泡。

ROM：BIOS—COMS—只读；

RAM：内存（半导体）—读写。

（三）编程形式

（1）手动编程。

（2）自动编程（ATP）。

CAM：计算机辅助编程。CAD：计算机辅助设计。AUTOCAD、CAXA电子图板XP。

项目实施

一、数铣的机床坐标系和工件坐标系的位置

要求学生能够通过上网查资料等方法和手段列举出数控机床的的坐标系类型。

（1）让学生了解数控铣床的坐标系的位置，并让学生结合普通铣床指出数控铣床在外形上和普通铣床的区别。

（2）收集数控系统的种类，说出不同的数控系统在外形和操作面板上的不同点。

①手动状态；

②自动状态；

③编辑状态（程序的输入及编辑）；

④MDI；

⑤电子手轮；

⑥实习课题；

⑦给学生示范手动状态下的操作方法；

⑧给学生示范电子手轮的操作方法。

（3）数控系统基本结构。

二、数控铣床零点偏移的方法

（1）机床坐标系数值显示所在页面的位置。

（2）在JOG手动状态下进行操作。

X轴对刀，把如图2-5所示的X方向的偏置值输入G54的X方向的数值框内或通过计算功能把数值填入G54的X方向的数值框内。

Y轴对刀，把如图2-5所示的Y方向的偏置值输入G54的Y方向的数值框内或通过计算功能把数值填入G54的Y方向的数值框内。

Z轴对刀，把如图2-5所示的Z方向的偏置值输入G54的Z方向的数值框内或通过计算功

能把数值填入G54的Z方向的数值框内。

要求学生初次在15分钟内完成零点偏移的设置。

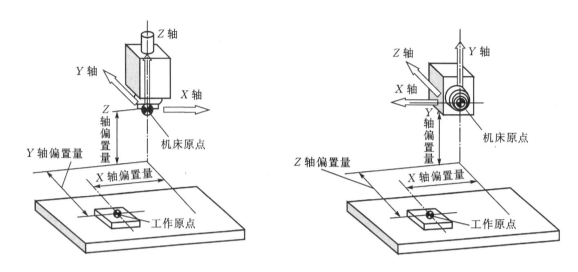

图2-5　机床坐标系和工件坐标系及各轴的偏置值

（3）工件坐标系建立的原则，在长方体工件的对称中心上建立工件坐标系，如图2-5所示。

（4）零点偏移的实质（G54～G59）补偿值，使两坐标系能够统一。

（5）对刀的注意事项如下：

①使用刀具在工件的X、Y方向分别对刀，经过计算后，把工件对称中心的机床坐标系的坐标值输入G54～G59的对应位置。

②Z方向在工件上表面直接对刀后输入G54～G59的相应位置。

（6）检验其工件坐标系的正确性（采用以下程序进行验证）。

G90 G54 S300 M03；

G01 Z5 F2000；

X0 Y0；

M02。

三、质量检验及质量分析

1. 项目质量检验依据评分标准进行相关项目的检测

程序的输入及编辑评分见表2-2。

表2-2　程序的输入及编辑评分表

班级		姓名		学号	
项目名称	程序的输入及编辑			检测人	
序号	检测项目	配分	评分标准	检测结果	得分
1	X方向正确	15	不正确不得分		
2	Y方向正确	15	不正确不得分		
3	Z方向正确	30	每错一处扣1分		
4	3分钟完成	30	超时不合格		
5	安全、文明生产	10	违规扣分，扣完为止		

2.质量分析

（1）要求必须在规定的3分钟之内完成，未能完成者说明熟练程度不够，要求继续练习，个别学生在此环节时间较长。

（2）X、Y方向出错是因为计算的失误。

（3）Z方向出错是对刀不准确。

项目总结

本项目主要要求学生对数控铣床上建立工件坐标系（即零点偏移）必须熟练掌握。

（1）数控铣床的机床坐标系的位置。

（2）工件坐标系的建立方法（零点偏移的做法）。

（3）零点偏移的重要性。

项目训练

（1）广数控的操作和练习。

（2）华中数控的操作和练习。

思考与练习

（1）什么叫机床坐标系？如何确定数控铣床坐标系的方向？

（2）零点偏移的实质是什么？

项目三

上冲头的加工

凸台和直角沟槽类的零件在实际生产中的应用非常广泛，此类零件在数控加工中的编程主要应用G01直线插补指令，见图3-1。

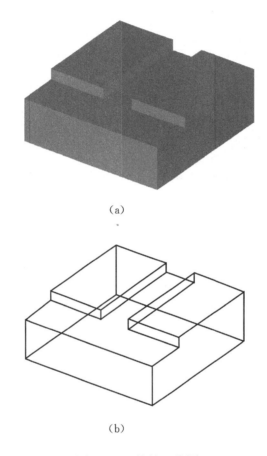

（a）

（b）

图3-1 工件的三维图

一、项目内容

本项目要求加工如图3-1所示的冲头，首先编制该零件的加工工艺，编制完成零件的加工程序，加工完成后进行质量检验和质量分析。

二、重点与难点

（1）通用卡具-机用虎钳在数控铣床上的使用方法。

（2）准确做好零点偏移，确定工件坐标系的位置。

（3）简单零件的加工方法。

（4）编程的基础知识。

三、相关知识与技能要点

（1）G00、G01的编程格式。

（2）编程的概念。

（3）编程方式。

（4）程序的结构。

（5）G代码的分类。

（6）小数点编程。

（7）编程方式。

（8）平面选择。

（9）公制、英制。

（10）上电初始化状态。

（11）进给方式。

（12）在数控铣床上加工简单的凸台类零件的方法。

项目计划

一、项目任务分析

1. 项目特点

本项目为冲头的加工，熟练简单零件在数控铣床上的加工制造。

2. 项目中的关键工作

本项目的关键工作为掌握G01直线插补在实际生产中的应用，利用数控铣床给我们提供的功能来完成简单的凸台类零件的加工。

3. 完成时间

此工件的加工时间为：240分钟/人。

二、分工与进度计划

1. 成员分组

每组5人，根据学生的总人数酌情分为4~6个小组，并由教师指定或由学生自己选出小组长一名，学习过程中由小组长组织学生进行讨论和资料的收集及整理。学生分组时注意学生的搭配，特别应该注意由于每个学生的学习能力有强有弱，每个小组的学生配备应该均衡、优生差生相结合，这样才能取得较好的学习效果。

2. 编写项目计划

项目计划见表3-1。

表3-1　项目计划

任务	内容	时间/h	人员	备注
任务一	图纸分析	2	每组人员	
任务二	工艺分析及工艺编制	2	每组人员	
任务三	程序编制	2	每组人员	小组所有人员进行讨论、查阅相关资料
任务四	零件加工	3	每组人员	
任务五	零件检验及质量分析并写出质量总结报告	2	每组人员	

项目准备

一、资源要求

（1）设备：数控铣床一台型号为GSK-990MA、每组学生配备一台设备。

（2）刀具常用键槽铣刀各一把。

（3）通用量具及工具若干。

本项目使用材料为45#钢，材料尺寸为：$\varnothing 70\times30$，学生人均一件。材料需经过车工前期加工。

《金属切屑手册》、《铣工工艺学》、《数控铣床的编程及操作》等。

1. 编程的概念

把被加工零件工艺过程、工艺参数、运动要求、刀具路径用数控语言记录在控制介质上并把点输入数控装置。

（1）工艺过程，零件的加工工艺。

（2）工艺参数，主要包含以下几个方面：

①刀具的选择及刀具的几何尺寸的确定。

②主轴转速S的确定。

③进给速度F的确定。

（3）运动要求，机床的运动轨迹，也就是刀具路径。

（4）数控语言主要有：

①EIA为美国电子协会颁布的标准。

②ISO为国际标准化组织颁布的标准。

（5）控制介质：存储器。

2. 编程方式

（1）手动编程。

（2）CAM软件编程。

（3）程序的结构。

（4）程序名。

①给程序命名是为了便于文件的管理。

②FANUC系统的机床要求前面必须是字母O，后面是四位阿拉伯数字，具体格式如：O1236。

③SIEMENS系统的机床要求前面必须是至少两个字母和其他符号的组合。命名格式比较宽泛、自由。具体格式：SY123。

3. 程序的内容

程序内容是由不同的程序段（行）组成，每段的由回车符为LF如：

G90 G54 M03 S300 LF

Z5 F2000 LF

X0 Y0 LF

而程序段是由很多个程序字组成，如：X-100、G01、G02。

程序字由三部分组成，前面的英文字母是地址字，中间的＋－是符号，后面的阿拉伯数字是数据字。如：X-100中，X是地址字，-是符号，100是数据字。

4. 程序结语

不同的数控系统对程序结束语的定义不同，使用时要注意区分。

（1）主程序的结束语不同的程序：SIEMENS为M02，FANUC为M30。

（2）子程序的结束语，FANUC为M99，SIEMENS为M17、M30、RET。

5. G代码的分类

G代码根据使用的功能不同分为两类。

①模态代码：表示该指令在某个程序段中一经指定，在接下来的程序段中将持续有效，直到出现同组的另一个指令时，该指令才失效，如常用的G00、G01～G03及F、S、T等指令。

②非模态代码：仅在编入的程序段内才有效的指令称为非模态指令。

6. 小数点编程

只针对FANUC的一个功能，具体来说是一个单位的问题，要求编程中所有的坐标值后面必须有小数点，有小数点是的单位为毫米，如：G91 X100.0所表示的意思是100 mm。没有小数点时的单位为微米，如：G91 X100的意义是100 μm，即0.1 mm。同功能可以通过修改系统参数进行屏蔽。

7. 编程方式

（1）G90为绝对编程它描述对象是点，具体来说是点坐标值。

（2）G91为相对编程，也叫增量编程，描述对象是线段，要描述线段的方向和长短。既有大小又有方向的一个矢量。

8. 平面选择

G17为XY平面、G18为XZ平面、G19为YZ平面。G17、G18、G19均为模态代码。

9. 公制、英制

不同的数控系统对公制和英制的定义不同，使用时注意区分。

（1）SIEMENS系统G71为英制，单位为INC。G70为公制，单位为mm。

（2）FANUC系统G20为英制，单位为INC。G21为公制，单位为mm。

10. 进给方式

在进给方式上SIEMENS、FANUC是一样的。

（1）G94：mm/min为毫米每分钟。

（2）G95：mm/rad为毫米每转。

11. 上电初始化状态

上电初始化状态指的是机床通电源时最基本的原始状态，机床的很多功能为关闭状态，有些功能打开状态。具体参照代码表上有※的都是机床在上电初始状态呈打开状态的功能。

12. 编程形式

在数控编程时，刀具位置的坐标通常有两种表示方式：一种是绝对坐标，另一种是增量（相对）坐标，数控铣床编程时，可采用绝对值编程、增量值编程或者二者混合编程。

（1）绝对值编程：所有坐标点的坐标值都是从工件坐标系的原点计算的，称为绝对坐标，用X、Z表示。

（2）增量值编程：坐标系中的坐标值是相对于刀具的前一位置（或起点）计算的，称为增量（相对）坐标。

13. 直线插补G01指令

指令格式：G01 X____Y____Z____F____。

指令功能：直线插补运动。

指令说明：

（1）刀具按照F指令所规定的进给速度直线插补至目标点；

（2）F代码是模态代码，在没有新的F代码替代前一直有效；

（3）各轴实际的进给速度是F速度在该轴方向上的投影分量；

（4）用G90或G91可以分别按绝对坐标方式或增量坐标方式编程。

例题 如图3-2所示，刀具从A点直线插补至B点，使用绝对坐标与增量坐标方式编程。

G90　G01　X60　Y30　F200

或G91　G01　X40　Y20　F200

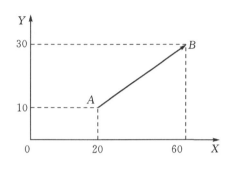

图3-2   直线插补

14. 快速定位指令G00

G00指令使刀具以点定位控制方式从刀具所在点快速运动到下一个目标位置。它只是快速定位，不需要指定进给速度，机床以系统所能达到的最高速度运动，无运动轨迹要求，不参与切削加工过程。

指令格式：G00 X____ Z____ ；

其中，X、Z为刀具所要到达点的坐标值。

15. 插补平面选择G17、G18、G19指令

指令格式：G17

G18

G19

指令功能：表示选择的插补平面

指令说明：

（1）G17表示选择XY平面；

（2）G18表示选择ZX平面；

（3）G19表示选择YZ平面。

项目实施

项目图如图3-3所示。

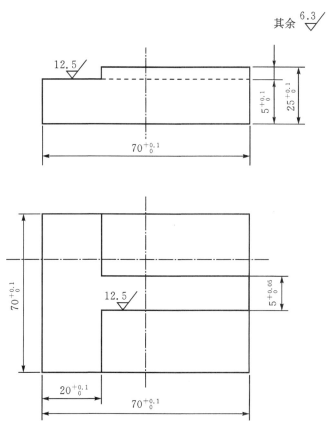

技术要求：

1.工件必须在数控机床上加上,不允许使用手动加工工件。

2.加工面不得用锉刀或砂布修整。

3.棱边用锉刀倒钝。

图3-3   项目零件图

一、图纸分析及技术要求

（1）看懂图纸，要求学生能够画出此零件的轴测图或者三维图。

（2）学生在普通铣床的训练阶段加工过此零件，但是该项目要求学生必须在数控铣床上加工出该零件。

（3）为了提高生产效率，该零件的残料加工也必须在数控铣床上完成，要求学生能够分析出剩余残料的位置，用程序清除多余残料，不能用手动清除残料。

二、工艺分析及工艺编制

 （一）加工工艺

1. 工件的定位与夹紧

选用平口虎钳装夹定位。

2. 编程原点的确定（工件坐标系的建立）

以70 mm×70 mm的毛坯的一个边做为编程原点，建立工件坐标系。

3. 加工方案及工艺路线的确定

①加工方案。

只采用一次粗加工的加工方案。

②工艺路线。

粗铣20 mm深5 mm的阶台。

粗铣宽15 mm深5 mm的直槽。

4. 工艺参数的确定

①刀具的选择。

加工选用$\varnothing$10的键槽铣刀。

②主轴转速确定。

600 r/min（用倍率开关适当调节）。

③进给速度的确定。

F100 mm/min（用倍率开关适当调节）。

5. 相关的数值计算

其坐标相对简单，参照课题图计算。

三、夹具、量具与刀具准备

（1）夹具：机用虎钳每组一台、垫铁若干。

（2）工、量、刀具清单，见表3-2。

表3-2 工、量、刀具清单

零件名称		上冲头		零件图号		K3
项目	序号	名称	规格	精度	单位	数量
量具	1	深度游标卡尺	0～200	0.02	把	1
	2	粗糙度样块	N0～N1	12级	副	1
	3	游标卡尺	0～150	0.02	把	1
	4	键槽样板	15H7		个	1
刀具	5	立铣刀	$\varnothing$10		个	1
	6	细板锉	10'		个	1
工具	9	磁力百分表座	0～0.8		个	1
	10	铜棒			个	1
	11	平行垫铁			副	若干
	12	机用虎钳	QH160		个	1
	13	活扳手	12'		把	1
机床	14	XK714B				
系统	15	西门子802S				

四、程序编制

以下为参考程序：

N001 G90 G54 S300 M03；

N002 G01 Z5 F2000；

N003 X0 Y0；

N004 X5 Y35；

N005 Z0.5 F500；

N006 Z-5 F100；

N007 Y-35；

N008 X15；

N009　Y35；

N010　Z5　F2000；

N011　X20　Y2.5；

N012　Z0.5　F500；

N013　Z-5　F100；

N014　X70　F30；

N015　Y-2.5；

N016　X20；

N017　Z5　F2000；

N018　X0　Y0；

N019　M02；

五、零件加工

1.机床准备

（1）安装机用虎钳及机床垫铁，保证垫铁上表面和机床工作台的平行度。

（2）检查机床润滑油，如果不够，请及时加注润滑油的规定标线。

（3）安装刀具到机床主轴，注意刀具切勿伸出刀套太长，以免影响刀具强度。

（4）建立好工件坐标系到规定位置。

2.加工零件

（1）输入加工程序，并做好程序的校验工作，确保加工前，程序做到准确无误。

（2）首件试切，测量工件尺寸，调整参数，使得工件尺寸符合图样要求。

（3）进入自动加工状态进行零件加工。

（4）拆卸工件，修净毛刺，清理工件，使得工件处于洁净状态.

（5）做到安全文明生产，打扫场地卫生，交还工具。

3.重点、难点注意

在直槽和凸台铣削加工时，分清顺逆铣，采用顺铣，以提高尺寸精度和表面粗糙度。

六、零件质量检验及质量分析

1.工件的检验依据评分标准进行相关项目的检测

工件的检验依据评分标准如表3-3所示。

表3-3 评分标准与相关项目的检测

班级			姓名		零件名称	上冲头	零件图号		K3
内容		序号	检测项目		配分	评分标准	检测结果	扣分	得分
基本检验	编程	1	工艺制定正确		5				
		2	切削用量选择正确		5				
		3	程序正确、简单明确规范		5				
	操作	4	设备操作、维护保养正确		3				
		5	刀具选择、安装正确、规范		4				
		6	工件找正、安装正确、规范		4				
	文明生产	9	交课题后打扫机床场地卫生		3				
		10	不发生人身设备事故		5				
		11	损伤工件、打刀		5				
内容		序号	技术要求		配分	评分标准	检测结果	扣分	得分
尺寸检测		1	$20_0^{+0.1}$		15	超0.01扣1分			
		2	$5_0^{+0.1}$		10	超0.01扣1分			
		3	槽宽$15_0^{+0.05}$		20	超0.01扣1分			
		4	表面粗糙度		10				
		5	锐边倒钝无毛刺		5				

尺寸检测总计		基本检查总计		成绩	

记事	检测评分人签名：			
	课时（时数）	120	工时（分钟）	180

2. 质量分析

①项目尺寸进度是否合格，$20_0^{+0.1}$、$5_0^{+0.1}$、槽宽$15_0^{+0.05}$。

②表面粗糙度是否达标。

项目总结

本项目介绍了常用的凸台、直角沟槽的加工工艺、编程及加工方法，在加工工件时，要注意以下几点：

（1）看清图纸特别是凸台和直角沟槽的位置。

（2）工件的装夹要安全可靠。

（3）该项目前面涉及的知识点比较多、这些知识是编程的基础，一定要掌握牢靠。

项目训练

项目练习图如图3-4所示。

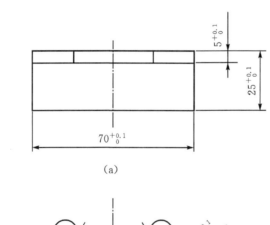

（a）

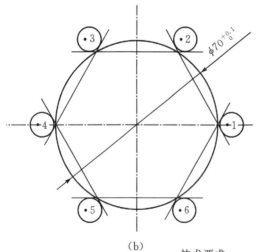

（b）

技术要求：

1.工件必须在数控机床上加工,不允许使用手动加工工件。

2.加工面不得用锉刀或砂布修整。

3.棱边用锉刀倒钝。

图3-4　项目练习图

（1）比较在数控铣床上铣削凸台和直角沟槽与普铣上的异同点。

（2）在数控和普铣上加工工件有何区别？

项目四

连接板

项目导入

本项目实体图见图4-1，主要是中级工训练的基本内容，旨在学习G02、G03指令在零件加工中的使用方法及零件的加工工艺、加工方法。

项目功用：

（1）掌握铣削加工的工艺知识。

（2）掌握G02、G03指令的判断方法及编程格式中各个指令字的含义。

（3）圆弧插补指令应用场合的区分。

图4-1　项目实体图

项目指定

一、项目内容

本项目要求加工如图4-1所示的零件，首先读图、识图，编制该零件的加工工艺，再完成零件的加工程序，加工完成后进行质量检验和质量分析。

二、重点与难点

（1）利用百分表和磁力表座找正工件坐标系的位置。

（2）G02、G03指令的判断方法及编程格式中各个字的含义。

（3）圆弧插补指令的应用场合的区分。

（4）凹槽的加工工艺，能正确选用刀具及合理的切削用量。

三、相关知识与技能要点

（1）利用百分表和磁力表座找正工件坐标系的位置。

（2）能熟练快速判别G02、G03插补方向。

项目计划

一、项目任务分析

1. 项目特点

本项目零件中含有圆弧要素，如何来进行编程与加工。目的是使学生通过熟悉圆弧加工指令的格式、功能、来掌握应用的基本知识。本项目避免了讲解教材实例的沉默无趣。为了激发学生的学习兴趣，结合学生生活环境和可能接触的生产实际来创建学习场景，让学生通过身边实际问题的解决，充分感受到学习的乐趣。

2. 项目中的关键工作

本项目的关键工作为G02、G03指令的判断方法。

3. 完成时间

此工件的加工时间为：240分钟/人。

二、分工与进度计划

1. 成员分组

每组5人，根据学生的总人数酌情分为4～6个小组，并由教师指定或由学生自己选出小组长一名，学习过程中由小组长组织学生进行讨论和资料的收集及整理。学生分组时注意学生的搭配，特别应该注意由于每个学生的学习能力有强有弱，每个小组的学生配备应该均衡、优生差生相结合，这样才能取得较好的学习效果。

2. 编写项目计划

项目计划如表4-1所示。

表4-1　项目计划

任务	内容	时间/h	人员	备注
任务一	图纸分析	2	每组人员	小组所有人员进行讨论、查阅相关资料
任务二	工艺分析及工艺编制	2	每组人员	
任务三	程序编制	2	每组人员	
任务四	零件加工	4	每组人员	
任务五	零件检验及质量分析并写出质量总结报告	2	每组人员	

项目准备

一、资源要求

（1）设备：数控铣床一台型号为GSK-990MA、每组学生配备一台设备。

（2）刀具：常用键槽铣刀各一把。

（3）通用量具及工具若干。

（4）原材料。本项目使用材料为45#钢，材料尺寸为：$\varnothing 75 \times 16$，学生人均一件。材料需经过车工前期加工。

二、相关资料

《金属切屑手册》、《铣工工艺学》、《数控铣床的编程及操作》等。

三、项目知识准备

（一）指令格式及判别

1. 格式

$$\left\{ \begin{array}{c} G02 \\ G03 \end{array} \right\} \quad X\_Z\_ \qquad R\_ \left\{ \begin{array}{c} I\_K\_ \\ F\_ \end{array} \right\}$$

说明，

G02：顺时针圆弧插补；

G03：逆时针圆弧插补；

X、Z：绝对编程时，圆弧终点在坐标系中的坐标；

I、K：圆心相对于起点的增量（等于圆心的坐标减去圆弧起点的坐标，见图4-2），在绝对、增量编程时都是以增量方式指定，在直径、半径编程时I都是半径值；

R：圆弧半径；

F：被编程的两个轴的合成进给速度。

注意：同时编入R与I、K时，R有效。

2.顺、逆圆弧的判别

圆弧插补G02/G03的判断是在加工平面内，根据其插补时的旋转方向为顺时针/逆时针来区分的。判别方法是：沿圆弧所在平面（如XY平面）的另一坐标轴（Z轴）的正方向向负方向看，顺时针方向为顺时针圆弧，逆时针方向为逆时针圆弧。

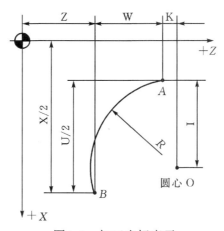

图4-2　加工坐标表示

但是，大家都知道目前大多数机床的坐标系见图4-3。所以我们其实是从Y轴的负方向往正方向看，那么在这样的坐标系下，我们看到的顺时针则为G03，逆时针则为G02，如图4-4所示。

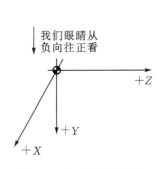

图4-3　机床的坐标系

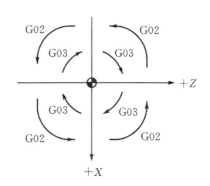

图4-4　Y轴负方向往正方向看的顺、逆时针

（二）G02/G03的应用

顺时针圆弧插补G02指令和逆时针圆弧插补G03指令。

1. 指令格式

（1）XY平面圆弧插补指令（如图4-5所示）。

$$G17 \begin{Bmatrix} G02 \\ G03 \end{Bmatrix} X\_Y\_ \begin{Bmatrix} R\_ \\ I\_J\_ \end{Bmatrix} F\_$$

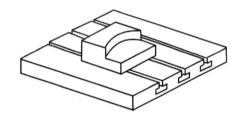

图4-5　XY插补平面

（2）ZX平面圆弧插补指令（如图4-6所示）。

$$G18 \begin{Bmatrix} G02 \\ G03 \end{Bmatrix} X\_Z\_ \begin{Bmatrix} R\_ \\ I\_K\_ \end{Bmatrix} F\_$$

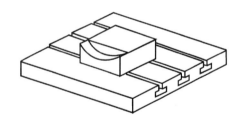

图4-6　XZ插补平面

（3）YZ平面圆弧插补指令（如图4-7所示）。

$$G19 \begin{Bmatrix} G02 \\ G03 \end{Bmatrix} Y\_Z\_ \begin{Bmatrix} R\_ \\ J\_K\_ \end{Bmatrix} F\_$$

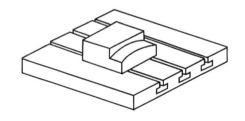

图4-7　YZ插补平面

2. 指令功能

在指定平面内圆弧插补运动。

3. 指令说明

（1）圆弧的顺逆时针方向如图4-8所示，从圆弧所在平面的垂直坐标轴的负方向看去，顺时针方向为G02，逆时针方向为G03。

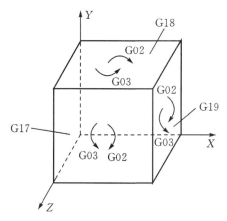

图4-8　顺逆圆弧的区分

（2）F规定了沿圆弧切向的进给速度。

（3）X、Y、Z为圆弧终点坐标值，如果采用增量坐标方式G91，X、Y、Z表示圆弧终点相对于圆弧起点在各坐标轴方向上的增量。

（4）I、J、K表示圆弧圆心相对于圆弧起点在各坐标轴方向上的增量，与G90或G91的定义无关。

（5）R是圆弧半径，当圆弧所对应的圆心角为0°～180°时，R取正值；圆心角为180°～360°时，R取负值。

（6）I、J、K的值为零时可以省略。

（7）在同一程序段中，如果I、J、K与R同时出现则R有效。

例题1　如图4-9所示，设起刀点在坐标原点0，刀具沿A→B→C路线切削加工，使用绝对坐标与增量坐标方式编程。

绝对坐标编程：

G92　X0　Y0　Z0　　　　　　　　　　　　设工件坐标系原点、机床坐标系原点与换刀点重合（参考点）

G90　G00　X200　Y40　　　　　　刀具快速移动至A点

G03　X140　Y100　I-60（或R60）　F100

G02　X120　Y60　I-50（或R50）

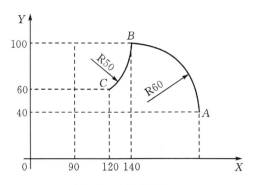

图4-9 圆弧插补

增量坐标编程：

G92　X0　Y0　Z0

G91　G00　X200　Y40

G03　X-60　Y60　I-60（或R60）　F100

G02　X-20　Y-40　I-50（或R50）

例题2　如图4-10所示，起刀点在坐标原点O，从O点快速移动至A点，逆时针加工整圆，使用绝对坐标与增量坐标方式编程。

绝对坐标编程：

G92　X0　Y0　Z0

G90　G00　X30　Y0

G03　I-30　J0　F100

G00　X0　Y0

增量坐标编程：

G92　X0　Y0　Z0

G91　G00　X30　Y0

G03　I-30　J0　F100

G00　X-30　Y0

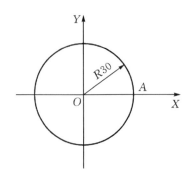

图4-10 整圆加工

项目实施

项目零件图如图4-11所示。

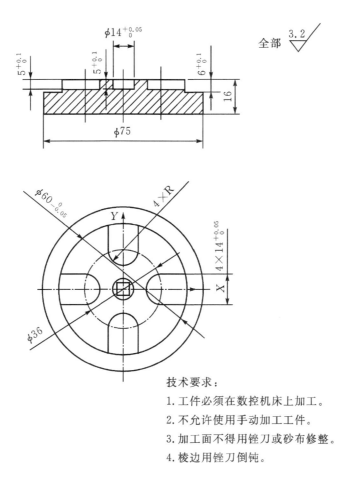

技术要求：

1.工件必须在数控机床上加工。

2.不允许使用手动加工工件。

3.加工面不得用锉刀或砂布修整。

4.棱边用锉刀倒钝。

项目4-11　项目零件图

一、图纸分析及技术要求

（1）看懂图纸，要求学生能够画出此零件的轴测图或者三维图。

（2）该项目要求学生必须在数控铣床上加工该零件，保证零件所要求的各项尺寸精度。

（3）零件图上的毛坯料在加工前需要车工配合，使圆棒料的外圆见光，粗糙度要求在3.2。其次两个端面要平行且与轴线的垂直度要好（0.03之内），才能保证铣加工过程中零件尺寸精度的保证。

（4）如图4-11所示，四个半封闭槽得精度较高，$\phi 60^{0}_{-0.05}$凸台、$\phi 14^{+0.05}_{0}$的孔也采用粗精铣的办法来控制尺寸。

（5）按照技术要求，提高生产效率，该零件的残料加工也必须在数控铣床上完成，要求学生能够分析出剩余残料的位置，采用手动清除残料。

（6）能够正确使用工卡量具检测工件。

二、工艺分析及工艺编制

1. 工件的定位与夹紧

选用三爪自定心卡盘装夹定位。

2. 编程原点的确定（工件坐标系的建立）

以$\varnothing$70毛坯中心做为编程原点，建立工件坐标系。

3. 加工方案及工艺路线的确定

①加工方案。

只采用一次粗加工的加工方案。

②工艺路线（在直线圆弧训练阶段，暂时不考虑实际精加工。只在理论上阐述）。

粗铣$\varnothing$60 mm深6 mm的外圆。

粗铣14的深5 mm的四个腰形槽。

粗铣$\varnothing$14深5 mm的内孔。

4. 工艺参数的确定

①刀具的选择。

加工选用$\varnothing$10的键槽铣刀。

②主轴转速确定。

600 r/min（用倍率开关适当调节）。

③进给速度的确定。

F100 mm/min（用倍率开关适当调节）。

5. 相关的数值计算

相关计算比较简单，参照课题图计算。

三、夹具、量具与刀具准备

（1）夹具：三爪卡盘一个/组，专用垫铁一个。

（2）工、量、刀具清单如表4-2所示。

表4-2 工、量、刀具清单

零件名称			连接板		零件图号		K4
项目	序号	名称	规格	精度	单位		数量
量具	1	深度游标卡尺	0～200	0.02	把		1
	2	粗糙度样块	N0～N1	12级	副		1
	3	游标卡尺	0～150	0.02	把		1
	4	塞规	$\varnothing$14H7		个		1
	5	外径千分尺	50～75	0.01	把		1
	6	键槽样板	14H7		个		1
刀具	7	立铣刀	$\varnothing$10		个		1
	8	细板锉	10′		个		1
工具	11	磁力百分表座	0～0.8		个		1
	12	铜棒			个		1
	13	平行垫铁			副		若干
	14	三爪卡盘	$\varnothing$130		个		1
	15	活扳手	12′		把		1
机床系统	16	西门子802S					

四、程序编制

程序如下：

N001　G90　G54　S300　M03；　　　（程序初始化，主轴正转）

N002　G01　Z5　F2000；　　　（刀具定位到安全平面）

N003　X0　Y0；

N004　X35；

N005　Z0.5　F500；

N006　Z-6　F100；

N007　G03　I-35；　　　　　外圆的粗加工

N008 G01 Z5 F2000；

N009 X0 Y0；

N010 X2；

N011 Z0.5 F500；

N012 Z−5 F100；   圆弧键槽的加工

N013 G02 I−2；

N014 G01 Z5 F2000；

N015 X0 Y0；

N016 X30 Y−2；

N017 Z0.5 F500；

N018 Z−5 F100；

N019 X18；

N020 G02 X18 Y2 J2；   不同象限的圆弧槽加工

N021 G01 X30；

N022 Z5 F2000；

N023 X0 Y0；

N024 X2 Y30；

N025 Z0.5 F500；

N026 Z−5 F100；

N027 Y18；

N028 G02 X−2 Y18 I−2；

N029 G01 Y30；

N030 Z5 F2000；

N031 X0 Y0；

N032 X−30 Y2；

N033 Z0.5 F500；

N034 Z−5 F100；

N035 X−18；

N036 G02 X−18 Y−2 J−2；

N037 G01 X−30；

N038 Z5 F2000；

N039 X0 Y0；

N040 X−2 Y−30；

N041　Z0.5　F500；

N042　Z-5　F100；

N043　Y-18；

N044　G02　X2　Y-18　I2；

N045　G01　Y-30；

N046　G01　Z5　F2000；

N047　X0　Y0；

N048　M02；　　　　　　　　　　　程序结束

五、零件加工

1. 机床准备

（1）安装三爪卡盘及机床垫铁，保证垫铁上表面和机床工作台的平行度；

（2）检查机床润滑油，如果不够，请及时加注润滑油的规定标线；

（3）安装刀具到机床主轴，注意刀具切勿伸出刀套太长，以免影响刀具强度；

（4）建立好工件坐标系到规定位置（∅75外圆中心）；

2. 加工零件

（1）用压板和螺钉把三爪卡盘固定在机床工作台面上。

在三爪卡盘上安装专用垫铁，使专用垫铁的上表面和机床工作台的误差在0.02以内装夹工件，敲平垫铁，要求完成后，垫铁不得随意晃动。

装夹并校正工件用百分表找∅75外圆的圆心，误差控制在0.02之内，并以此点为工件坐标系的原点，完成零点偏移输入加工程序，并做好程序的校验工作，确保加工前，程序必须做到准确无误。

（2）首件试切，测量工件尺寸，调整参数，使得工件尺寸符合图样要求。

（3）进入自动加工状态进行零件加工。

（4）拆卸工件，修净毛刺，清理工件，使得工件处于洁净状态。

（5）做到安全文明生产，打扫场地卫生，交还工具。

3. 重点、难点注意

（1）零点偏移必须要做到精确，否则会影响到加工后的凸台∅60、毛坯∅75外圆的同轴度。

（2）在圆弧槽铣削加工时，分清顺逆铣。采用顺铣以提高尺寸精度和表面粗糙度。

六、零件质量检验及质量评分标准

零件质量检验及评分标准见表4-3。

表4-3 零件质量检验及质量评分标准

班级			姓名		零件称		连接板	零件图号		K4
内容		序号	检测项目			配分	评分标准	检测结果	扣分	得分
基本检验	编程	1	工艺制定正确			5				
		2	切削用量选择正确			5				
		3	程序正确、简单明确规范			5				
	操作	4	设备操作、维护保养正确			3				
		5	刀具选择、安装正确、规范			4				
		6	工件找正、安装正确、规范			4				
	文明生产	7	穿戴好劳保用品			3				
		8	工卡量具摆放整齐			3				
		11	损伤工件、打刀			5				
内容		序号	检测项目			配分	评分标准	检测结果	扣分	得分
尺寸检测		1	$\varnothing 60_{-0.05}^{0}$			10	超0.01扣1分			
		2	$\varnothing 36_{0}^{+0.1}$			10	超0.01扣1分			
		3	$4 \times 14_{0}^{+0.05}$			12	超0.01扣1分			
		4	$\varnothing 14_{0}^{+0.05}$			10	超0.01扣1分			
		5	表面粗糙度$R_a3.2$			5	超0.01扣1分			
		6	锐边倒钝无毛刺			3	超0.01扣1分			
		7	深度$5_{-0.1}^{0}$			3	超0.01扣1分			
		8	深度$6_{-0.1}^{0}$			3	超0.01扣1分			
尺寸检测总计				基本检查总计				成绩		
记事			检测评分人签名：							
			课时（时数）		120		工时（分钟）		240	

项目总结

本项目介绍了常用零件的加工工艺、编程及加工方法，在加工工件时，要注意以下几点：

（1）使用杠杆百分表找正中心时，磁性表座应吸在主轴端面上。

（2）在圆弧槽铣削加工时，分清顺逆铣，采用顺铣，以提高尺寸精度和表面粗糙度。

（3）铣削加工后，加工面不得用锉刀或纱布修整。

（4）锐边倒钝，外观光滑无毛刺。

项目训练

项目训练图如图4-12所示。

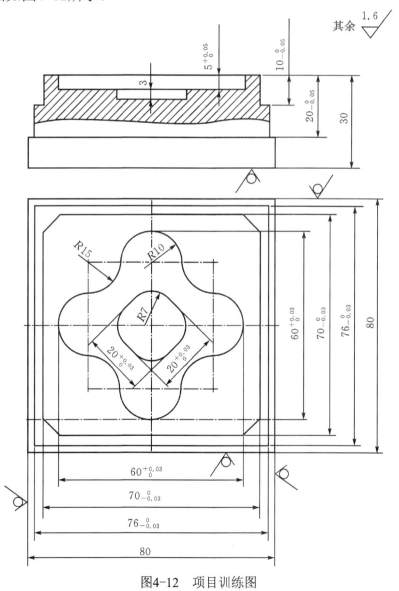

图4-12　项目训练图

思考与练习

（1）简述不同象限圆弧加工的特点及规律。

（2）整圆加工是否能够使用R编程？

项目五

座体底

本项目零件图见图5-1，主要是中级工训练的基本内容，旨在学习G41/G42指令在零件加工中的使用方法及零件的加工工艺、加工方法。

项目功用：

（1）掌握刀具半径补偿指令的格式、使用方法。

（2）掌握铣削加工的工艺知识。

（3）G41和G42的判断方法。

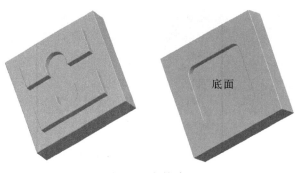

图5-1　座体底

项目指定

一、项目内容

本项目要求加工如图5-1所示零件，首先读图、识图，编制该零件的加工工艺，编制零件的加工程序，加工完成后进行质量检验和质量分析，并写出总结。

二、重点与难点

（1）刀具半径补偿指令的格式、使用方法。

（2）G41和G42的判断方法。

三、相关知识与技能要点

（1）零件加工工艺的合理安排。

（2）数控指令综合应用。

项目计划

一、项目任务分析

1. 项目特点

本项目为如图5-1所示零件的加工，熟练代码的综合应用，掌握中等复杂内零件在数控铣床上的加工制造，工艺的编制、刀具的选用、切削用量的合理选择等。同时三爪卡盘作为夹具在数控铣床上的使用方法。

2. 项目中的关键工作

本项目的关键工作为多型板加工工艺的合理安排和刀具的合理应用。

3. 完成时间

此工件的加工时间为：240分钟/人。

二、分工与进度计划

1. 成员分组

每组5人，根据学生的总人数酌情分为4～6个小组，并由教师指定或由学生自己选出小组长一名，学习过程中由小组长组织学生进行讨论和资料的收集及整理。学生分组时注意学生的搭配，特别应该注意由于每个学生的学习能力有强有弱，每个小组的学生配备应该均衡、优生差生相结合，这样才能取得较好的学习效果。

2. 编写项目计划

项目计划见表5-1。

表5-1　项目计划

任务	内容	时间/h	人员	备注
任务一	图纸分析	2	每组人员	
任务二	工艺分析及工艺编制	2	每组人员	
任务三	程序编制	2	每组人员	小组所有人员进行讨论、查阅相关资料
任务四	零件加工	4	每组人员	
任务五	零件检验及质量分析并写出质量总结报告	2	每组人员	

项目准备

一、资源要求

（1）设备：数控铣床型号为GSK-990MA、每组学生配备一台设备。

（2）数控刀排及刀套若干。

（3）通用量具及工具若干。

二、原材料的准备

本项目使用材料为HT200灰铸铁，材料尺寸为：$70 \times 70 \times 20$，学生人均一件。材料需经过备料铣削。

三、相关资料

《金属切屑手册》、《铣工工艺学》、《数控铣床的编程及操作》等。

四、知识准备

（一）铣削该零件的数控编程知识

1. 刀具半径补偿G41、G42指令

指令格式：

$$\left.\begin{array}{c} G41 \\ G42 \end{array}\right\} \left.\begin{array}{c} G00 \\ G01 \end{array}\right\} \quad X\_\_Y\_\_H（或D）\_\_$$

指令功能：数控系统根据工件轮廓和刀具半径自动计算刀具中心轨迹，控制刀具沿刀具中心轨迹移动，加工出所需要的工件轮廓，编程时避免计算复杂的刀心轨迹。

指令说明：

（1）X__Y__表示刀具移动至工件轮廓上点的坐标值；

（2）D__为刀具半径补偿寄存器地址符，寄存器存储刀具半径补值；

（3）如图5-2左图所示，沿刀具进刀方向看，刀具中心在零件轮廓左侧，则为刀具半径左补偿，用G41指令；

（4）如图5-2右图所示，沿刀具进刀方向看，刀具中心在零件轮廓右侧，则为刀具半径右补偿，用G42指令；

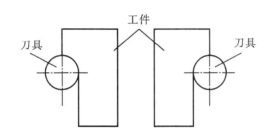

图5-2　刀具半径补偿位置判断

（5）通过G00或G01运动指令建立刀具半径补偿。

例题1　如图5-3所示，刀具由O点至A点，采用刀具半径左补偿指令G41后，刀具将在直线插补过程中向左偏置一个半径值，使刀具中心移动到B点，其程序段为：

G41　G01　X50　Y40　F100　H01

D01为刀具半径偏置代码，偏置量（刀具半径）预先寄存在D01指定的寄器中。

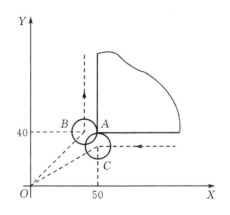

图5-3　刀具半径补偿过程

运用刀具半径补偿指令，通过调整刀具半径补偿值来补偿刀具的磨损量和重磨量，如图5-4所示，$r1$为新刀具的半径，$r2$为磨损后刀具的半径。此外运用刀具半径补偿指令，还可以实现使用同一把刀具对工件进行粗、精加工，如图5-5所示，粗加工时刀具半径$r1$为$r+\Delta$，精加工时刀具半径补偿值为$r2$为r，其中Δ为精加工余量。

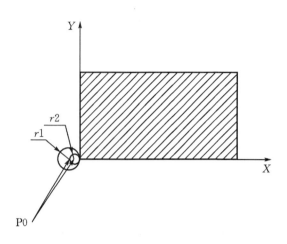

图5-4 刀具磨损后的刀半补偿

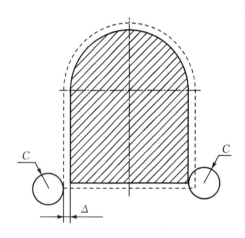

图5-5 粗、精加工的刀具半径补偿

2. 取消刀具半径补偿G40指令

指令格式：

$$\left\{ \begin{array}{l} \text{G00} \\ \text{G01} \end{array} \right\} \ \text{G40} \quad \text{X\_\_Y\_\_}$$

指令功能：取消刀具半径补偿。

指令说明：

（1）指令中的X＿ Y＿表示刀具轨迹中取消刀具半径补偿点的坐标值；

（2）G40指令取消刀具半径补偿；

（3）G40必须和G41或G42成对使用。

例题2 如图5-3所示，当刀具以半径左补偿G41指令加工完工件后，通过图5-3中*CO*段取消刀具半径补偿，其程序段为：

G40 G00 X0 Y0

3. 刀具长度补偿G43、G4、G49指令

指令格式：

$$\left.\begin{array}{l} G43 \\ G44 \\ G49 \end{array}\right\} \quad Z\_\_H\_\_$$

指令功能：对刀具的长度进行补偿。

指令说明：

（1）G43指令为刀具长度正补偿；

（2）G44指令为刀具长度负补偿；

（3）G49指令为取消刀具长度补偿；

（4）刀具长度补偿指刀具在Z方向的实际位移比程序给定值增加或减少一个偏置值；

（5）格式中的Z值是指程序中的指令值；

（6）H为刀具长度补偿代码，后面两位数字是刀具长度补偿寄存器的地址符。

H01指01号寄存器，在该寄存器中存放对应刀具长度的补偿值。H00寄存器必须设置刀具长度补偿值为0，调用时起取消刀具长度补偿的作用，其余寄存器存放刀具长度补偿值。

执行G43时：Z实际值＝Z指令值＋H__中的偏置值。

执行G44时：Z实际值＝Z指令值－H__中的偏置值。

例题3 如图5-6所示，图中A点为刀具起点，加工路线为①→②→③→④→⑤→⑥→⑦→⑧→⑨。要求刀具在工件坐标系零点Z轴方向向下偏移3 mm，按增量坐标值方式编程（提示把偏置量3 mm存入地址为H01的寄存器中）。

程序如下：

N01　G91　G00　X70　Y45　S800　M03

N02　G43　Z-22　H01

N03　G01　G01　Z-18　F100　M08

N04　G04　X5

N05　G00　Z18

N06　X30　Y-20

N07　G01　Z-33　F100

N08　G00　49　Z55　M09

N09　X-100　Y-25

N10　M30

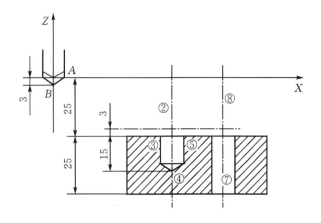

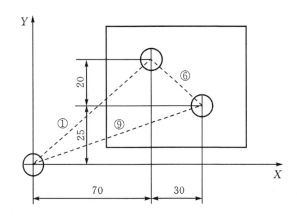

图5-6　刀具长度补偿

项目实施

项目零件图如图5-7所示。

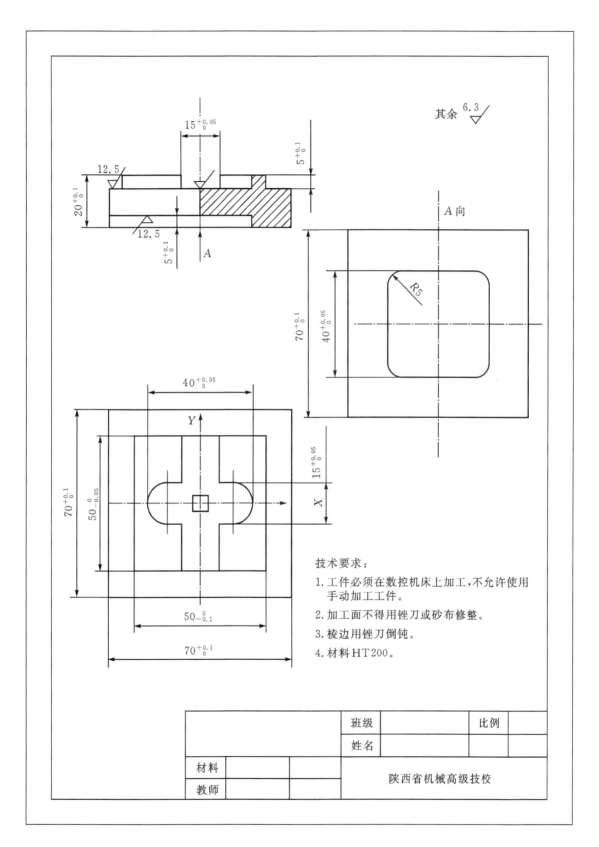

图5-7 项目零件图

一、图纸分析及技术要求

（1）看懂图纸，要求学生能够画出此零件的轴测图或者三维图。

（2）该项目要求学生在数控铣床上加工出该零件，保证零件图所要求的各项尺寸精度。

（3）零件图上的毛坯料在加工前需先铣六面体 $70 \times 70 \times 20$，以便保证 50×50 凸台、40×40 凹槽中心与 70×70 外形中心重合，$15_0^{+0.05}$ 直槽、$15_0^{+0.05}$ 通槽中心面与外形中心面重合。

（4）从图5-7上看，$15_0^{+0.05}$ 直槽、$15_0^{+0.05}$ 通槽、$40_0^{+0.05} \times 40_0^{+0.05}$ 凹槽得精度较高，采用粗精铣的办法来控制尺寸。

（5）按照技术要求，提高生产效率，该零件的残料加工也必须在数控铣床上完成，要求学生能够分析出剩余残料的位置，用程序清除多余残料，不能用手动清除残料。

（6）能够正确使用工卡量具检测工件。

二、工艺分析及工艺编制

（1）工件的定位与夹紧。

选用三爪自定心卡盘装夹定位。

（2）编程原点的确定（工件坐标系的建立）。

以 70×70 的毛坯中心做为编程原点，建立工件坐标系。

（3）加工方案及工艺路线的确定。

①加工方案。

采用粗加工到精加工的加工方案。

②工艺路线。

粗铣 50×50 的四方凸台，给精铣留0.2～0.3的余量。

粗铣宽15的封闭键槽和直槽，给精铣留0.2～0.3的余量。

精铣 50×50 的四方凸台，并调整到尺寸公差范围内。

精铣宽15的封闭键槽和直槽，并调整到尺寸公差范围内。

反面装夹工件粗铣 40×40，倒 $R5$ 圆角的凹槽，给精铣留0.2～0.3的余量。

反面装夹工件精铣 40×40，倒 $R5$ 圆角的凹槽，并调整到尺寸公差范围内。

数控加工工序卡如表5-2所示。

表5-2　数控加工工序卡

单位	数控加工工序卡片		产品名称	零件名称	材料	图号
			座体底		HT2000	
工序号	程序编号	夹具名称	夹具编号	设备名称	编制	审核
				Fanuc		
工步号	工步内容	刀具号	刀具规格	主轴转速/（r/min）	进给速度/（mm/min）	背吃刀量/mm
1	铣50×50的四方凸台	T01	∅12 mm立铣刀	300	50	
2	粗铣宽15的封闭键槽和直槽	T01	∅12 mm立铣刀	350	50	
3	精铣50×50的四方凸台	T02	∅10 mm立铣刀	600	80	
4	精铣宽15的封闭键槽和直槽	T02	∅10 mm立铣刀	600	80	
5	反面装夹工件粗铣40×40，倒R5圆角的凹槽	T03	∅14 mm键槽铣刀	350	50	
6	反面装夹工件精铣40×40，倒R5圆角的凹槽	T02	∅10 mm立铣刀	450	50	

（4）相关的数值计算。

其坐标计算相对简单，参照课题图计算。

在具体操作过程中，可以使用数控铣加工，也可以使用加工中心完成，但是值得注意的是：

（1）注意刀具长度的补偿，及参数的填写，一一对应原则。

（2）注意粗精加工刀具选择及刀具半径补偿参数的运用，更具实际情况测量→调整→再测量→再调整的方法最终达到要求的公差范围。

三、夹具、量具与刀具准备

（1）夹具：每组平口钳一台。专用垫铁一个。

（2）工、量、刀具清单，见表5-3。

表5-3　工、量、刀具清单

零件名称		座体底		零件图号			K5
项目	序号	名称	规格	精度		单位	数量
量具	1	游标卡尺	0～150	0.02		把	1
	2	深度游标卡尺	0～200	0.02		把	1
	3	粗糙度样块	N0～N1	12级		副	1
	4	键槽样板	15H7			个	1
刀具	5	立铣刀	∅10			个	1
	6	细板锉	10′			个	1
	9	磁力百分表座	0～0.8			个	1
	10	铜棒				个	1
	11	平行垫铁				副	若干
	12	机用虎钳	QH160			个	1
	13	活扳手	12′			把	1
机床系统	14	西门子802S					

四、程序编制

程序如下：

说明：程序编写过程中，根据使用机床系统的不同，刀具长度和补偿参数具体不同，粗精加工程序一致，但是需要调整其切削用量，具体根据使用的刀具情况和实际加工为主。这里不统一程序。

N001　G90　G54　S300　M03；

N002　G01　Z5　F2000；

N003　X0　Y0；

N004　G42　X25；

N005　Z0.5　F500；

N006　Z-5　F100；

N007　Y25；

N008　X-25；

N009　Y-25；

N010　X25；

N011　Y0；

N012　Z5　F2000；

N013　G40　X0　Y0；

N014　G42　X7.5　Y25；

N015　Z0.5　F500；

N016　Z-5　F100；

N017　Y-25　F100；

N018　Y-7.5；

N019　Y25；

N020　Z5　F2000；

N021　G40　X0　Y0；

N022　G41　X13.5　Y7.5；

N023　Z0.5　F500；

N024　Z-5　F100；

N025　X-13.5；

N026　G03　X-13.5　Y-7.5　J-7.5；

N027　G01　X13.5；

N028　G03　X13.5　Y7.5　J7.5；

N029　G01　Z5　F2000；

N030　G40　X0　Y0；

N031　M02；

反面装夹：

N001　G90　G54　S300　M03；

N002　G01　Z5　F2000；

N003　X0　Y0；

N005　Z0.5　F500；

N006　Z-5　F100；

N007　Y20；

N008　X-20；

N009　Y-20；

N010　X20；

N011　Y0；

N012　Z5　F2000；

N013　G40　X0　Y0；

N014　M02；

五、零件加工

1. 机床准备

（1）安装平口钳，保证垫铁上表面和机床工作台的平行度。

（2）检查机床润滑油，如果不够，请及时加注润滑油的规定标线。

（3）安装刀具到机床主轴，填写刀具补偿参数，注意刀具切勿伸出刀套太长，以免影响刀具强度。

（4）建立好工件坐标系到规定位置。

2. 加工零件

（1）安装平口钳在机床工作台面上。校正平口钳钳口与X轴平行误差在0.02 mm之内。

装夹工件，敲平垫铁，要求完成后，垫铁不得随意晃动。对刀完成零点偏移。输入加工程序，并做好程序的校验工作，确保加工前，程序必须做到准确无误。

（2）首件试切，测量工件尺寸，调整参数，使得工件尺寸符合图样要求。

（3）进入自动加工状态进行零件加工。

（4）拆卸工件，修净毛刺，清理工件，使得工件处于洁净状态。

（5）做到安全文明生产，打扫场地卫生，交还工具。

3. 重点、难点注意

（1）零点偏移必须做到精确，否则会影响到加工后的凸台与外圆的同轴度。

（2）在圆弧槽铣削加工时，分清顺逆铣，采用顺铣，以提高尺寸精度和表面粗糙度。

六、零件质量检验及质量评分标准

零件质量检验及质量评分标准见表5-4。

表5-4 零件质量检验及质量评分标准

班级			姓名		零件名称	座体底	零件图号		K5

内容		序号	检测项目		配分	评分标准	检测结果	扣分	得分
基本检验	编程	1	工艺制定正确		5				
		2	切削用量选择正确		5				
		3	程序正确、简单明确规范		5				
	操作	4	设备操作、维护保养正确		3				
		5	刀具选择、安装正确、规范		4				
		6	工件找正、安装正确、规范		4				
	安全文明生产	7	穿戴好劳保用品		3				
		8	工卡量具摆放整齐		3				
		11	损伤工件、打刀		5				

内容		序号	技术要求		配分	评分标准	检测结果	扣分	得分
尺寸检测		1	$50 \times 50_{0}^{+0.1}$		8	超0.01扣1分			
		2	$5_{0}^{+0.1}$		7	超0.01扣1分			
		3	$4_{0}^{+0.1}$		7	超0.01扣1分			
		4	槽宽$40_{0}^{+0.05}$		15	超0.01扣1分			
		5	表面粗糙度$R_a 3.2$		10				
		6	锐边倒钝无毛刺		5				
		7	$40 \times 40_{-0.05}^{0}$		8	超0.01扣1分			

尺寸检测总计			基本检查总计			成绩		

记事	检测评分人签名：		
	课时（时数）	180	工时（分钟）	240

项目总结

本项目介绍了常用零件的加工工艺、编程及加工方法，在加工工件时，要注意以下几点：

（1）在键槽和直槽铣削加工时，分清顺逆铣，采用顺铣，以提高尺寸精度和表面粗糙度。

（2）清根可以手动。

（3）注意换刀时刀具长度的补偿。

（4）铣削加工后，加工面不得用锉刀或纱布修整。

（5）锐边倒钝，外观光滑无毛刺。

项目训练

项目练习图如图5-8所示。

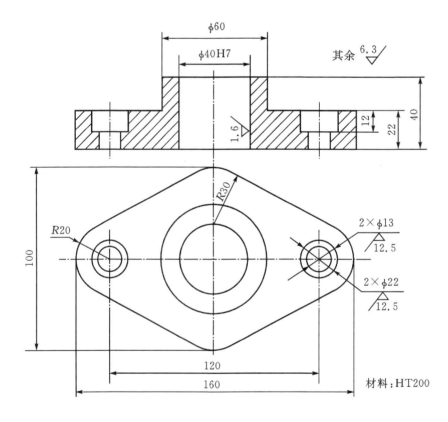

图5-8　项目练习图

思考与练习

（1）实际加工中我们不一定一次就能加工出合格的产品，是否可以利用刀具半径补偿功能实现粗、精加工？若是需要自动换刀，长度补偿如何设置？讨论它是如何实现的。

（2）编程者在编程时不考虑刀具半径，如何直接按零件图上尺寸进行编程？

（3）利用同一加工程序适应不同的情况。例如刀具磨损后，刀具半径变小，只要改变刀具半径的补偿值即可。试着思考在批量加工中如何利用刀具半径补偿。

项目六

旋钮盖

项目导入

本项目零件图见图6-1，主要是中级工实训的基本内容，旨在学习坐标旋转指令在零件加工中的使用方法及零件的加工工艺、加工方法。

项目功用：

（1）坐标旋转指令的格式及坐标旋转注意事项。

（2）掌握铣削加工的工艺知识。

（3）合理的选择加工刀具。

图6-1　旋钮盖

项目指定

一、项目内容

本项目要求加工如图6-1所示的零件，首先读图、识图，编制该零件的加工工艺，编制完成零件的加工程序，加工完成后进行质量检验和质量分析，并写出总结。

二、重点与难点

（1）坐标旋转指令的格式及坐标旋转注意事项。

（2）编制零件的加工工艺。

（3）合理的选择加工刀具。

（4）编程技巧的使用。

三、相关知识与技能要点

（1）零件加工工艺的合理安排。

（2）数控指令综合应用。

项目计划

一、项目任务分析

1. 项目特点

本项目为如图6-1所示零件的加工，熟练代码的综合应用，掌握中等复杂内零件在数控铣床上的加工制造，工艺的编制、刀具的选用、切削用量的合理选择等。同时三爪卡盘作为夹具在数控铣床上的使用方法。

2. 项目中的关键工作

本项目的关键工作为坐标旋转指令的格式及坐标旋转注意事项。

3. 完成时间

此工件的加工时间为：240分钟/人。

二、分工与进度计划

1. 成员分组

每组5人，根据学生的总人数酌情分为4～6个小组，并由教师指定或由学生自己选出小组长一名，学习过程中由小组长组织学生进行讨论和资料的收集及整理。学生分组时注意学生的搭配，特别应该注意由于每个学生的学习能力有强有弱，每个小组的学生配备应该均衡、优生差生相结合，这样才能取得较好的学习效果。

2. 编写项目计划

项目计划见表6-1。

表6-1 项目计划

任务	内容	时间/h	人员	备注
任务一	图纸分析	2	每组人员	
任务二	工艺分析及工艺编制	2	每组人员	
任务三	程序编制	2	每组人员	小组所有人员进行讨论、查阅相关资料
任务四	零件加工	4	每组人员	
任务五	零件检验及质量分析并写出质量总结报告	2	每组人员	

项目准备

一、资源要求

（1）设备：数控铣床一台型号为GSK-990MA、每组学生配备一台设备。

（2）刀具常用键槽铣刀各一把。

（3）通用量具及工具若干。

二、原材料

本项目使用材料为45#钢，材料尺寸为：$\varnothing 70 \times 25$，学生人均一件。材料需经过车工前期加工。

三、相关资料

《金属切屑手册》、《铣工工艺学》、《数控铣床的编程及操作》等。

四、项目知识准备

（一）铣削该零件的数控编程知识

该指令可使编程图形按照指定旋转中心及旋转方向旋转一定的角度，G68表示开始坐标系旋转，G69用于撤消旋转功能。

1.（法拉克系统）基本编程方法

编程格式：

G68　X__Y__R__

...

G69

式中：X、Y——旋转中心的坐标值（可以是X、Y、Z中的任意两个，它们由当前平面选择指令G17、G18、G19中的一个确定）。当X、Y省略时，G68指令认为当前的位置即为旋转中心。

R——旋转角度，逆时针旋转定义为正方向，顺时针旋转定义为负方向。

当程序在绝对方式下时，G68程序段后的第一个程序段必须使用绝对方式移动指令，才能确定旋转中心。如果这一程序段为增量方式移动指令，那么系统将以当前位置为旋转中心，按G68给定的角度旋转坐标。现以图6-2为例，应用旋转指令的程序为：

N10　G92　X-5　Y-5	建立加工坐标系
N20　G68　G90　X7　Y3　R60	开始以点（7，3）为旋转中心，逆时针旋转60°的旋转
N30　G90　G01　X0　Y0　F200	按原加工坐标系描述运动，到达（0，0）点
（G91　X5　Y5）	若按括号内程序段运行，将以（-5，-5）的当前点为旋转中心旋转60°
N40　G91　X10	X向进给到（10，0）
N50　G02　Y10　R10	顺圆进给
N60　G03　X-10　I-5　J-5	逆圆进给
N70　G01　Y-10	回到（0，0）点
N80　G69　G90　X-5　Y-5	撤消旋转功能，回到（-5，-5）点
M02	结束

2.坐标系旋转功能与刀具半径补偿功的关系

坐标旋转与刀具半径补偿见图6-2。

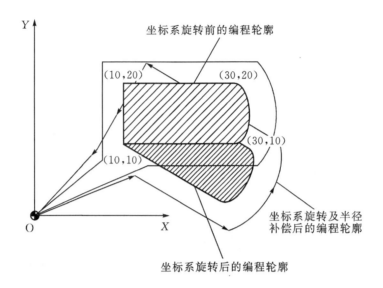

图6-2　坐标旋转与刀具半径补偿

旋转平面一定要包含在刀具半径补偿平面内。以图6-2为例：

N10　　G92　　X0　　Y0

N20　　G68　　G90　　X10　　Y10　　R-30

N30　　G90　　G42　　G00　　X10　　Y10　　F100　　H01

N40　　G91　　X20

N50　　G03　　Y10　　I-10　　J5

N60　　G01　　X-20

N70　　Y-10

N80　　G40　　G90　　X0　　Y0

N90　　G69　　M30

当选用半径为$R10$的立铣刀时，设置：刀补参数为5。

3. 与比例编程方式的关系

在比例模式时，再执行坐标旋转指令，旋转中心坐标也执行比例操作，但旋转角度不受影响，这时各指令的排列顺序如下：

G51...

G68...

G41/G42...

G40...

G69...

G50...

...

（二）西门子系统的座标旋转

可编程的零点偏置和坐标轴旋转：G158，G258，G259，如图6-3所示。

1.功能

如果工件上在不同的位置有重复出现的形状或结构，或者选用了新的参考点，在这种情况下就需要使用可编程零点偏置。由此就产生一个当前工件坐标系，新输入的尺寸均是在该坐标系中的数据尺寸。

可以在所有坐标轴上进行零点偏移。在当前的坐标平面G17或G18或G19中进行坐标轴旋转。

2.格式

G158　X...Y...Z...;　　可编程的偏置，取消以前的偏置和旋转

G258　RPL＝...;　　　可编程的旋转，取消以前的偏置和旋转

G259　RPL＝...;　　　附加的可编程旋转

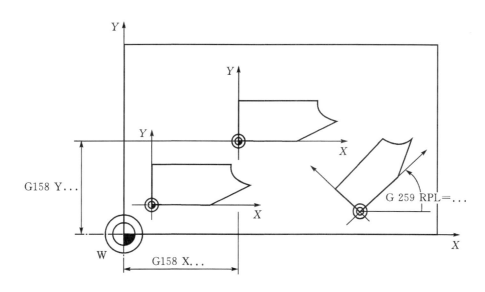

图6-3　零点偏置和坐标轴旋转

G158零点偏移：G158指令取代所有以前的可编程零点偏移指令和坐标轴旋转指令；也就是说编程一个新的G158指令后所有旧的指令均清除。

G258坐标旋转：用G258指令可以在当前平面（G17到G19）中编程一个坐标轴旋转。新的G258指令取代所有以前的可编程零点偏移指令和坐标轴旋转指令，也就是说编程一个新的G258指令后所有旧的指令均清除，如图6-4所示。

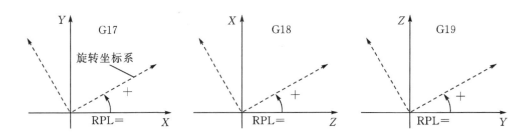

图6-4　在不同的坐标平面中旋转角正方向的规定

G259附加的坐标旋转：用G259指令可以在当前平面（G17到G19）中编程一个坐标旋转。如果已经有一个G158，G258或G259指令生效，则在G259指令下编程的旋转附加到当前编程的偏置或坐标旋转上。

3. 取消偏移和坐标旋转

程序段G158指令后无坐标轴名，或者在G258指令下没有写RPL＝…语句，表示取消当前的可编程零点偏移和坐标轴旋转设定。

例：编制如图6-5所示零件的数控加工程序。

N10　　G17…;　　　　　　　　X/Y平面

N2　　G158　X20　Y10;　　　可编程零点偏移

N30　　L10;　　　　　　　　　子程序调用，其中包含待偏移的几何量

N40　　G158　X30　Y26;　　　新的零点偏置

N50　　G259　RPL＝45;　　　　附加坐标旋转45°

N60　　L10;　　　　　　　　　子程序调用

N70　　G158;　　　　　　　　取消偏移旋转

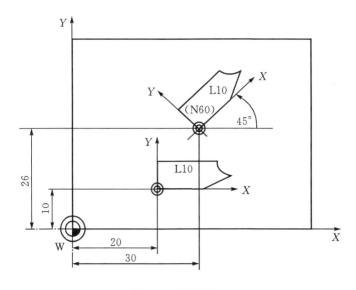

图6-5　零件图

项目实施

项目零件图如图6-6所示。

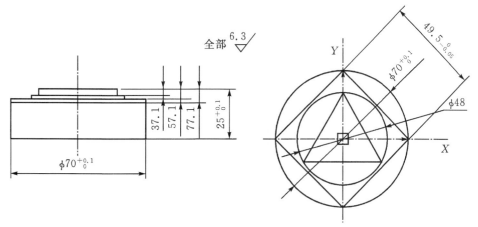

技术要求:
1.工件必须在数控机床上加工,不允许使用手动加工工件。
2.加工面不得用锉刀或砂布修整。
3.棱边用锉刀倒钝。

图6-6　项目零件图

一、图纸分析及技术要求

（1）看懂图纸，要求学生能够画出此零件的轴测图或者三维图。

（2）该项目要求学生在数控铣床上加工，保证零件图要求的各项尺寸精度。

（3）零件图上的毛坯料在加工前需要车工配合，使圆棒料的外圆见光，粗糙度要求在3.2，其次两个端面要平行且与轴线的垂直度要好（0.03之内），才能保证铣加工过程中零件尺寸精度的保证。

（4）按照技术要求，提高生产效率，该零件的残料加工也必须在数控铣床上完成，要求学生能够分析出剩余残料的位置，用程序清除多余残料，不能用手动清除残料。

（5）能够正确使用工卡量具检测工件。

二、工艺分析及工艺编制

1.工件的定位与夹紧

选用三爪自定心卡盘装夹定位。

2.编程原点的确定（工件坐标系的建立）

以∅70的毛坯中心做为编程原点，建立工件坐标系。

3. 加工方案及工艺路线的确定

①加工方案。

采用粗加工到精加工的加工方案。

②工艺路线

粗铣∅48的圆内接正三角形，给精铣留0.2～0.3的余量。

残料的加工。

粗铣∅48的外圆，给精铣留0.2～0.3的余量。

残料的加工。

粗铣49.5×49.5四方凸台的外形，给精铣留0.2～0.3的余量。

残料的加工。

精铣∅48的圆内接正三角形，并调整到尺寸公差范围内。

精铣∅48的外圆，并调整到尺寸公差范围内。

精铣49.5×49.5四方凸台的外形，并调整到尺寸公差范围内。

4. 数控加工工艺卡

数控加工工艺卡如表6-2所示。

表6-2 数控加工工序卡

单位	数控加工工序卡片		产品名称	零件名称	材料	图号
			旋钮盖		45	
工序号	程序编号	夹具名称	夹具编号	设备名称	编制	审核
				Fanuc		
工步号	工步内容	刀具号	刀具规格	主轴转速 /（r/min）	进给速度 /（mm/min）	背吃刀量 /mm
1	粗铣∅48的圆内接正三角形	T01	∅14 mm立铣刀	300	50	
2	粗铣∅48的外圆	T01	∅14 mm立铣刀	350	50	
3	粗铣49.5×49.5四方凸台的外形	T02	∅14 mm立铣刀	350	80	
4	精铣∅48的圆内接正三角形	T02	∅10 mm立铣刀	600	80	
5	精铣∅48的外圆	T02	∅10 mm立铣刀	600	80	
6	精铣49.5×49.5四方凸台的外形	T02	∅10 mm立铣刀	600	80	

5. 相关的数值计算

其坐标相对简单，参照课题图计算。

三、夹具、量具与刀具准备

（1）夹具：三爪卡盘一个/组。专用垫铁一个。

（2）工、量、刀具清单，见表6-3。

表6-3　工、量、刀具清单

零件名称		旋钮盖		零件图号		K6	
项目	序号	名称	规格	精度	单位	数量	
量具	1	深度游标卡尺	0～200	0.02	把	1	
	2	粗糙度样块	N0～N1	12级	副	1	
	3	游标卡尺	0～150	0.02	把	1	
	4	外径千分尺	50～75	0.01	把	1	
刀具	5	立铣刀	∅10		个	1	
	6	细板锉	10′		个	1	
工具	9	磁力百分表座	0～0.8		个	1	
	10	铜棒			个	1	
	11	平行垫铁			副	若干	
	12	机用虎钳	QH160		个	1	
	13	活扳手	12′		把	1	
机床系统	14	西门子802S					

四、程序编制

程序如下：

程序的操作运行，根据具体使用机床来操作。以下程序仅作为参考。

N001　G90　G54　S300　M03；　　　（程序初始化，主轴正转）

N002　G01　Z5　F2000；　　　　　　（刀具定位到安全平面）

N003　X0　Y0；

N004　G42　X0　Y24；　　　　　　（建立刀补）

N005　Z0.5　F500；

N006　Z-3　F100；

N007　G258　RPL=120；

N008　X0　Y24　F100；

N009　G258　RPL=240；

N010　X0　Y24；

N011　G258　RPL=360；

N012　X0　Y24；

N013　Z5　F2000；

N014　G40　X0　Y0；

N015　G158；

N016　G42　X24；

N017　Z0.5　F500；

N018　Z-5　F100；

N019　G03　I-24　F100；

N020　G01　Z5　F2000；

N021　G40　X0　Y0；

N022　G42　X35；

N023　Z0.5　F500；

N024　Z-7　F10；

N025　G258　RPL=90°；

N026　X0　Y35　F100；

N027　G258　RPL=180°；

N028　X0　Y35；

N029　G258　RPL=270°；

N030　X0　Y35；

N031　G258　RPL=360°；

N032　X0　Y35；

N033　Z5　F2000；

N034　G40　X0　Y0；

N035　G158；

N036　M02；

五、零件加工

1. 机床准备

（1）安装三爪卡盘及机床垫铁，保证垫铁上表面和机床工作台的平行度。

（2）检查机床润滑油，如果不够，请及时加注润滑油的规定标线。

（3）安装刀具到机床主轴，填写刀具补偿参数，注意刀具切勿伸出刀套太长，以免影响刀具强度。

（4）建立好工件坐标系到规定位置（$\varnothing$70外圆）。

2. 加工零件

（1）用压板和螺钉把三爪卡盘固定在机床工作台面上。在三爪卡盘上安装专用垫铁，使垫铁的上表面和机床工作台的误差在0.02之内。

装夹工件，敲平垫铁，要求完成后，垫铁不得随意晃动。装夹并校正工件用百分表找$\varnothing$70外圆的圆心，误差控制在0.02之内，并以此点为工件坐标系的原点，完成零点偏移。输入加工程序，并做好程序的校验工作，确保加工前，程序必须做到准确无误。

（2）首件试切，测量工件尺寸，调整参数，使得工件尺寸符合图样要求。

（3）进入自动加工状态进行零件加工。

（4）拆卸工件，修净毛刺，清理工件，使得工件处于洁净状态。

（5）做到安全文明生产，打扫场地卫生，交还工具。

3. 重点、难点注意

（1）零点偏移必须要做到精确，否则会影响到加工后的凸台49.5×49.5四方凸台、$\varnothing$48的圆内接正三角形的中心与$\varnothing$70外圆的中心不重合。

（2）在圆弧槽铣削加工时，分清顺逆铣，采用顺铣，以提高尺寸精度和表面粗糙度。

六、零件质量检验及质量评分标准

零件质量检验及质量评分标准见表6-4。

表6-4　零件质量检测表

班级			姓名		学号	
零件名称	旋钮盖		图号		检测人	

内容		序号	检测项目	配分	评分标准	检测结果	扣分	得分
基本检验	工艺及操作	1	工艺制定正确	5				
		2	切削用量选择正确	5				
		3	程序正确、简单明确规范	5				
		4	设备操作、维护保养正确	3				
		5	刀具选择、安装正确	4				
		6	工件找正安装正确、规范	4				
		7	打扫机床场地卫生	3				
		8	不发生人身设备事故	5				
		9	损伤工件、打刀	5				

内容	序号	技术要求	配分	评分标准	检测结果	扣分	得分
尺寸检测	1	49.5×49.5	10	超0.01扣1分			
	2	$\varnothing 48_{-0.1}^{0}$	10	超0.01扣1分			
	3	边数	6	超0.01扣1分			
	4	$3_{0}^{+0.1}$	10	超0.01扣1分			
	5	$5_{0}^{+0.1}$	10	超0.01扣1分			
	6	$7_{0}^{+0.1}$	10	超0.01扣1分			
	7	表面粗糙度$R_a 3.2$	2				
	8	安全、文明生产	2				
基本检查总计＋尺寸检测总计							

项目总结

本项目介绍了常用零件的加工工艺、编程及加工方法，在加工时，要注意以下几点：

（1）使用杠杆百分表找正中心时，磁性表座应吸在主轴端面上。

（2）清根可以手动。

（3）正多边形加工时，奇数多边形从Y轴起刀，偶数边从X轴起刀。

（4）铣削加工后，加工面不得用锉刀或纱布修整。

（5）锐边倒钝，外观光滑无毛刺。

项目训练

项目练习图如图6-7所示。

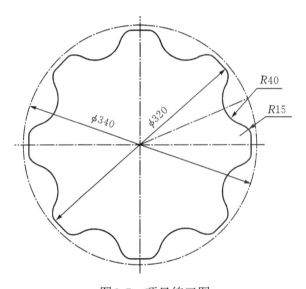

图6-7　项目练习图

思考与练习

（1）坐标旋转在完成加工后一定要注销吗？

（2）试着用坐标旋转及子程序加工正多边形，例如正100边形的加工。

项目七

制动板

项目导入

该课题主要介绍坐标旋转的相关指令的功能及用法，同时进一步熟悉掌握相关刀补指令的用法；最后通过练习熟悉坐标旋转指令的执行过程。通过该项目主要完成以下课题功能：如图7-1所示三维图。

（1）了解凹槽的加工工艺，能正确选用刀具及合理的切削用量。

（2）能使用坐标旋转指令编制加工程序。

（3）正确使用量具对工件进行准确测量。

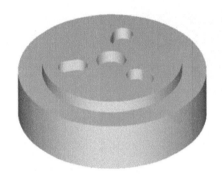

图7-1　三维造型图

项目指定

一、项目内容

本项目要求加工如图7-1所示的封闭凹槽，首先编制该零件的加工工艺，编制完成零件的加工程序，加工完成后进行质量检验和质量分析。

二、重点与难点

（1）指令的格式。

（2）指令的调用过程。

（3）指令的应用。

（4）对指令的理解以及后续的应用。

三、相关知识与技能要点

（1）零件加工工艺的合理安排。

（2）数控指令综合应用。

项目计划

一、项目任务分析

1. 项目特点

本项目为均布等分凹槽的加工，熟练子程序在数控铣床上的加工制造，同时还掌握三爪卡盘作为夹具在数控铣床上的使用方法。（三爪卡盘在车床上的应用最为广泛，在铣床上的使用一般主要为圆柱类零件的装夹定位。）

2. 项目中的关键工作

本项目的关键工作为加工完的零件要均布等分，这要求必须要保证。

3. 完成时间

此工件的加工时间为：240分钟/人。

二、分工与进度计划

1. 成员分组

每组5人，根据学生的总人数酌情分为4～6个小组，并由教师指定或由学生自己选出小组长一名，学习过程中由小组长组织学生进行讨论和资料的收集及整理。学生分组时注意学生的搭配，特别应该注意由于每个学生的学习能力有强有弱，每个小组的学生配备应该均衡、优生差生相结合，这样才能取得较好的学习效果。

2. 编写项目计划

项目计划如表7-1所示。

表7-1 项目计划

任务	内容	时间/h	人员	备注
任务一	图纸分析	2	每组人员	
任务二	工艺分析及工艺编制	2	每组人员	
任务三	程序编制	2	每组人员	小组所有人员进行讨论、查阅相关资料
任务四	零件加工	3	每组人员	
任务五	零件检验及质量分析并写出质量总结报告	2	每组人员	

项目准备

一、资源要求

（1）设备：数控铣床一台型号为GSK-990MA、每组学生配备一台设备。

（2）数控刀排及刀套若干。

（3）通用量具及工具若干。

二、原材料的准备

本项目使用材料为45#钢，材料尺寸为：$\varnothing 75 \times 30$，学生人均一件。材料需经过车工前期加工。

三、相关资料

《金属切屑手册》、《铣工技能训练》、《数控铣床的编程及操作》等。

四、项目知识准备

（一）子程序调用的数控编程知识

1. 机床的加工程序

机床的加工程序可以分为主程序和子程序两种。所谓主程序是一个完整的零件加工程序，或是零件加工程序的主体部分。它和被加工零件或加工要求一一对应，不同的零件或不同的加工要求，都有唯一的主程序。

在编制加工程序中，有时会遇到一组程序段在一个程序中多次出现，或者在几个程序中都要使用它。这个典型的加工程序可以做成固定程序，并单独加以命名，这组程序段就称为子程序。

子程序一般都不可以作为独立的加工程序使用，它只能通过调用，实现加工中的局部动作。子程序执行结束后，能自动返回到调用的程序中。

2. 子程序的嵌套

为了进一步简化程序，可以让子程序调用另一个子程序，这一功能称为子程序的嵌套。当主程序调用子程序时，该子程序被认为是一级子程序，系统不同，其子程序的嵌套级数也不相同。一般情况下，在FANUC 0i系统中，子程序可以嵌套4级，如图7-2所示。

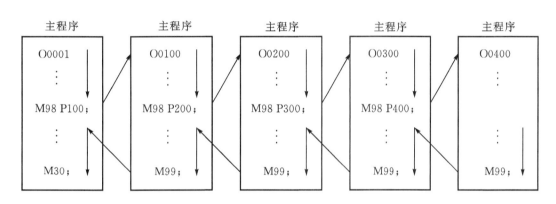

图7-2　子程序嵌套

3. 子程序格式

在FANUC系统中，子程序和主程序并无本质区别。子程序和主程序在程序号及程序内容方面基本相同，但结束标记不同。主程序用M02或M30表示主程序结束，而子程序则用M99表示子程序结束，并实现自动返回主程序功能。如下子程序格式所示：

O0100

G91　G01　Z-3.0；

...

G91　G28　Z0；

M99；

对于子程序结束指令M99，不一定要单独书写一行，如上面程序中最后两行写成"G91　G28　Z0　M99；"也是允许的。

4. 子程序的调用

（1）子程序在FANUC系统中的调用。在FANUC系统中，子程序的调用可通过辅助功能代码M98指令进行，且在调用格式中将子程序的程序号地址改为P，其常用的子程序调用格式有两种。

格式一　M98　P××××　L××××；

例1　M98　P100　L5；

例2　M98　P100；

格式二　M98　P××××××××；

例3　M98　P50009；

例4　M98　P330；

地址P后面的八位数字中，前四位表示调用次数，后四位表示子程序序号，采用此种调用格式时，调用次数前的0可以省略不写，但子程序号前的0不可省略。如例3表示调用子程序O09五次，而例4则表示调用子程序O330一次。

子程序的执行过程如下程序所示。

主程序：	子程序：
O0001	O0100
N10...;	...
N20　M98　P0100；	M99；
N30...;	
...	O0200
...	...
N60　M98　P0200　L2；	M99；
...	
N100　M30；	

（2）子程序在SIEMENS系统中的调用。在SIEMENS系统中，子程序采用L加后缀数字来表示，子程序的结束标记使用辅助机能代码M17表示。在SIEMENS新系列的系统中，子程序的结束标记还可以采用M02、RET等指令进行表示。

调用格式：L××××　P×××；

例5　N13　L0123　P5；

L后的数字表示子程序名，P后的数字表示子程序循环次数。

子程序的执行过程如下程序所示。

主程序：	子程序：
%0001；	L0110；
N10...;	...
N20　L0110；	M17；

N30…；

    …   L123；

    …   …

N60   L123P3；   M17；

    …

N100   M02；

5. 子程序的应用

（1）同平面内多个相同轮廓形状工件的加工。在一次装夹中，若要完成多个相同轮廓形状工件的加工，编程时只编写一个轮廓形状的加工程序，然后用主程序来调用子程序。

（2）实现零件的分层切削。当零件在Z方向上的总铣削深度比较大时，需采用分层切削方式进行加工。实际编程时先编写该轮廓加工的刀具轨迹子程序，然后通过子程序调用方式来实现分层切削。

（3）实现程序的优化。加工中心的程序往往包含有许多独立的工序，为了优化加工顺序，通常将每一个独立的工序编写成一个子程序，主程序只有换刀和调用子程序的命令，从而实现优化程序的目的。

6. 使用子程序的注意事项

（1）主程序、子程序间模式代码的变换。例题2中，子程序的起始行用了G91模式，从而避免了重复执行子程序过程中刀具在同一深度进行加工。但需要注意及时进行G90与G91模式的变换。

O1（主程序）   O2（子程序）

G90   G54（G90模式）；   G91…；

M98   P2；   …

…；   M99；

G91…（G91模式）；

…；

G90…（G90模式）；

…；

M30；

（2）在半径补偿模式中的程序不能被分支。

O1（主程序）   O2（子程序）

G91…；   …；

G41…；   M99；

M98   P2；

G40...；

M30；

在以上程序中，刀具半径补偿模式在主程序及子程序中被分支执行，在编程过程中应尽量避免编写这种形式的程序。在有些系统中如出现此种刀具半径补偿被分支执行的程序，在程序执行过程中还可能出现系统报警。正确的书写格式如下：

O1（主程序）　　　　　　　　O2（子程序）

G91...；　　　　　　　　　　G41...；

...；　　　　　　　　　　　　...；

M98　P2；　　　　　　　　　 G40...；

M30；　　　　　　　　　　　 M99；

项目实施

项目零件图如图7-3所示。

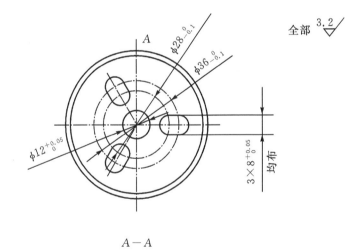

A－A

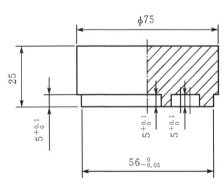

技术要求：

1. 工件必须在数控机床上加工。

2. 不允许使用手动加工工件。

3. 加工面不得用锉刀或砂布修整。

4. 棱边用锉刀倒钝。

图7-3　项目零件图

一、图纸分析及技术要求

（1）看懂图纸，要求学生能够画出此零件的轴测图或者三维图。

（2）该项目要求学生必须在数控铣床上加工出该零件，保证零件图所要求的各项尺寸精度。

（3）零件图上的毛坯料在加工前需要车工配合，使圆棒料的外圆见光，粗糙度要求在3.2，其次两个端面要平行且与轴线的垂直度要好，（0.03之内）才能保证铣加工过程中零件尺寸精度的保证。

（4）从图7-3上看，三个封闭凹槽得精度较高。采用粗精铣的办法来控制尺寸，其次注意三个封闭凹槽均布等分，不仅要保证槽宽12，而且要保证三个封闭凹槽的位置准确，注意120°角度的控制。

（5）其他$\varnothing$56的外圆及$\varnothing$12的内孔的尺寸精度能够较好的控制，同样使用粗精加工的办法，保证其在公差范围之内。

（6）按照技术要求，提高生产效率，该零件的残料加工也必须在数控铣床上完成，要求学生能够分析出剩余残料的位置，用程序清除多余残料，不能用手动清除残料。

（7）能够正确使用工卡量具检测工件。

二、工艺分析及工艺编制

（一）工艺分析

该零件包含了外形轮廓、内孔、腰形槽的加工，有较高的尺寸精度和位置精度等形位精度要求。编程前必须详细分析图纸中各部分的加工方法及走刀路线，选择合理的装夹方案和加工刀具，保证零件的加工精度要求。

外形轮廓中的56的上偏差为零、12的内孔下偏差为0，可不必将其转变为对称公差，直接通过调整刀补来达到公差要求；$3\times8_0^{+0.05}$封闭凹槽尺寸精度和位置精度要求较高，要准确找到工件中心。初步加工方案如下：

（1）外轮廓的粗、精铣削，批量生产时，粗精加工刀具要分开，粗加工单边留0.2 mm余量。

（2）$\varnothing$56的外圆粗、精铣削。

（3）$\varnothing$12的内孔粗、精铣削。

（4）$3\times8_0^{+0.05}$的腰行槽粗、精铣削。

（二）工件的定位与夹紧

选用三爪自定心卡盘装夹定位，工件上表面高出三爪自定心卡盘8 mm左右。校正三爪自定心卡盘中心，确保精度要求。注意安装时清理三爪自定心卡盘底部。

（三）编程原点的确定（工件坐标系的建立）

考虑到$3-8_0^{+0.05}$的腰行槽的对称度要求，以$\varnothing75$毛坯中心做为编程原点，建立工件坐标系。

加工方案及工艺路线的确定：

①加工方案。

采用粗加工到精加工的加工方案。

②工艺路线。

粗铣$\varnothing56$的外圆，给精铣留0.2～0.3的余量。

粗铣$\varnothing12$的内孔，给精铣留0.2～0.3的余量。

粗铣$3\times8_0^{+0.05}$的腰行槽，给精铣留0.2～0.3的余量。

精铣$\varnothing56$的外圆，并调整到尺寸公差范围内。

精铣$\varnothing12$的内孔，并调整到尺寸公差范围内。

精铣$8_0^{+0.05}$的腰行槽，并调整到尺寸公差范围内。

（四）工艺参数的确定

1. 刀具的选择

加工选用$\varnothing20$ mm立铣刀、$\varnothing10$ mm、$\varnothing6$ mm、的键槽铣刀。

2. 主轴转速确定

600 r/min（用倍率开关适当调节）。

3. 进给速度的确定

F100 mm/min（用倍率开关适当调节）。

（五）相关的数值计算

其坐标相对简单，参照课题图计算。

（六）数控加工工序卡

数控加工工序卡见表7-2。

表7-2 数控加工工序卡

单位	数控加工工序卡片			产品名称	零件名称	材料	零件图号
工序号	程序编号	夹具名称	夹具编号	设备名称	编制	审核
				FANUC		
工步号	工步内容	刀具号	刀具规格	主轴转速 / (r/min)	进给速度 / (mm/min)	背吃刀量 /mm
1	去除轮廓边角料	T01	$\varnothing$20 mm 立铣刀	400	80	
2	粗铣外轮廓	T01	$\varnothing$20 mm 立铣刀	500	100	
3	粗铣$\varnothing$12内孔	T02	$\varnothing$10 mm 键槽铣刀	600	80	
4	粗铣3×8腰行槽	T03	$\varnothing$6 mm 键槽铣刀	700	60	
5	精铣外轮廓	T02	$\varnothing$10 mm 键槽铣刀	800	60	
6	精铣$\varnothing$12内孔	T02	$\varnothing$10 mm 键槽铣刀	800	60	
7	精铣$8^{+0.05}_{0}$腰行槽	T03	$\varnothing$6 mm 键槽铣刀	800	60	

（七）工、量、刀具清单

工、量、刀具清单见表7-3。

表7-3 工、量、刀具清单

零件名称		制动板		零件图号		K7	
项目	序号	名称	规格	精度	单位	数量
量具	1	游标卡尺	0～150	0.02	把	1
	2	粗糙度样块	N0～N1	12级	副	1
	3	键槽样板	8H7	0.02	个	1
	4	塞规	$\varnothing$12H8		个	1
	5	外径千分尺	50～75	0.01	把	1

项目	序号	名称	规格	精度	单位	数量
刀具	6	立铣刀	∅20		把	1
	7	立铣刀	∅10		把	1
	8	键槽铣刀	∅6		把	1
	9	键槽铣刀	∅10		把	1
工具	11	磁力百分表座	0~0.8		个	1
	12	铜棒			个	1
	13	平行垫铁			副	若干
	14	三爪卡盘	∅130		个	1
	15	活扳手	12′		把	1
机床系统	16	西门子802S				

三、程序编制

程序名LY1（SIEMENS802S系统编程）。

N001　G90　G54　S600　M03；

N002　G01　Z5　F2000；

N003　X0　Y0；

L1

L2

L3　P3

N043　G01　Z100　F2000；

N044　G158；

N046　M02；

L1

N004　G42　X28；

N005　Z0.5　F500；

N006　Z-5　F100；

N007　G03　I-28；

N008　G01　Z5　F2；

注意事项：

（1）铣削外形轮廓时，刀具应在工件外面下刀，注意避免刀具快速下刀时与工件发生碰撞；

（2）使用立铣刀粗铣圆形槽和腰形槽时，应先在工件上钻工艺孔，避免立铣刀中心垂直切削工件；

（3）精铣时刀具应切向切入和切出工件，在进行刀具半径补偿时，切入和切出圆弧半径应大于刀具半径补偿设定值；

（4）精铣时注意使用刀具补偿时修改刀具参数，应采用顺铣方式，以提高尺寸精度和表面质量；

（5）铣削腰形槽的R4内圆弧时，注意调低刀具进给率。

四、零件加工

1.机床准备

（1）安装三爪卡盘及机床垫铁，保证垫铁上表面和机床工作台的平行度。

（2）检查机床润滑油，如果不够，请及时加注润滑油的规定标线。

（3）安装刀具到机床主轴，填写刀具补偿参数，注意刀具切勿伸出刀套太长，以免影响刀具强度。

（4）建立好工件坐标系到规定位置（∅75外圆）。

2.加工零件

（1）用压板和螺钉把三爪卡盘固定在机床工作台面上。在三爪卡盘上安装专用垫铁，使专用垫铁的上表面和机床工作台的误差在0.02之内，装夹工件，敲平垫铁，要求完成后，垫铁不得随意晃动；装夹并校正工件用百分表找∅75外圆的圆心，误差控制在0.02之内，并以此点为工件坐标系的原点，完成零点偏移；输入加工程序，并做好程序的校验工作，确保加工前，程序必须做到准确无误。

（2）首件试切，测量工件尺寸，调整参数，使得工件尺寸符合图样要求。

（3）进入自动加工状态进行零件加工。

（4）拆卸工件，修净毛刺，清理工件，使得工件处于洁净状态。

（5）做到安全文明生产，打扫场地卫生，交还工具。

3.重点、难点注意

（1）对刀的方法及步骤。

（2）刀具长度补偿在实际加工的运用。

五、零件质量检验及质量分析

零件质量检验及质量分析见表7-4。

表7-4 零件质量检验及质量分析

班级			姓名		零件名称	制动板	零件图号		K7
内容		序号	检测项目		配分	评分标准	检测结果	扣分	得分
基本检验	编程	1	工艺制定正确		5				
		2	切削用量选择正确		5				
		3	程序正确、简单明确规范		5				
	操作	4	设备操作、维护保养正确		3				
		5	刀具选择、安装正确、规范		4				
		6	工件找正、安装正确、规范		4				
	文明生产	7	穿戴好劳保用品		3				
		8	工卡量具摆放整齐		3				
		9	交课题后打扫机床场地卫生		3				
内容		序号	技术要求		配分	评分标准	检测结果	扣分	得分
尺寸检测		1	$\varnothing 56_{-0.05}^{0}$		12	超0.01扣1分			
		2	$\varnothing 36_{-0.1}^{0}$		7	超0.01扣1分			
		3	$\varnothing 28_{-0.1}^{0}$		7	超0.01扣1分			
		4	$3\times 8_{0}^{+0.05}$		12	超0.01扣1分			
		5	$\varnothing 12_{0}^{+0.05}$		8	超0.01扣1分			
		6	（三处）$5_{0}^{+0.1}$		8	超0.01扣1分			
		7	表面粗糙度$R_a 3.2$		4	超0.01扣1分			
		8	锐边倒钝无毛刺		2	超0.01扣1分			
尺寸检测总计			基本检查总计				成绩		
记事		检测评分人签名：							
		课时（时数）		180		工时（分钟）		240	

（1）工件的检验依据评分标准进行相关项目的检测。

（2）质量分析。

①外圆 $\varnothing 56_{-0.05}^{0}$ 和 $\varnothing 12_{0}^{+0.05}$ 内孔的同轴度必须控制在0.03之内；

②$\varnothing 56_{-0.05}^{0}$ 外圆的尺寸必须要保证；

③$\varnothing 12_{0}^{+0.05}$ 内孔必须用 $\varnothing$ 12H8的塞规检验；

④$3 \times 8_{0}^{+0.05}$ 的腰行槽必须要保证位置准确，确保每个凹槽之间夹角为120°。

（一）加工过程中容易出现问题以及解决办法

（1）$\varnothing 56_{-0.05}^{0}$ 外圆和 $\varnothing 12_{0}^{+0.05}$ 内孔不同轴，检查中心是否调正不当；

（2）$\varnothing 56_{-0.05}^{0}$ 外圆、$\varnothing 12_{0}^{+0.05}$ 内孔尺寸公差超差，检查刀补调整是否得当，检查程序的正确性，检查粗精铣过程中的留量是否满足要求；

（3）$3 \times 8_{0}^{+0.05}$ 的腰行槽位置不准确，检查输入角度是否准确；

（4）腰行槽铣削表面粗糙度不好，可采用顺铣，以提高尺寸精度和表面粗糙度。

项目总结

本项目介绍了中等复杂的零件的加工工艺、编程及使用软件等方法，在加工工件时，要注意以下几点：

（1）使用杠杆百分表找正中心时，磁性表座应吸在主轴端面上。

（2）在腰行槽铣削加工时，分清顺逆铣，采用顺铣，以提高尺寸精度和表面粗糙度。

（3）正确选择刀具。

（4）合理使用切削用量。

（5）注意中等复杂零件的工艺安排方法。

（6）逐步理解掌握软件编程的方法。

（7）有子程序出现时，选择运行程序时，应选择主程序。

（8）铣削加工后，加工面不得用锉刀或纱布修整。

（9）锐边倒钝，外观光滑无毛刺。

项目训练

完成如图7-4所示零件。

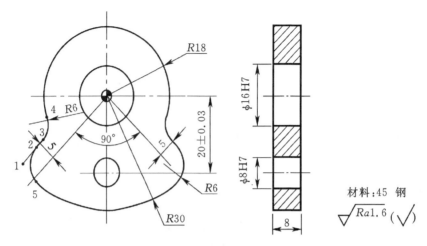

图7-4 零件图

零件在夹具中的装夹示意图见图7-5。

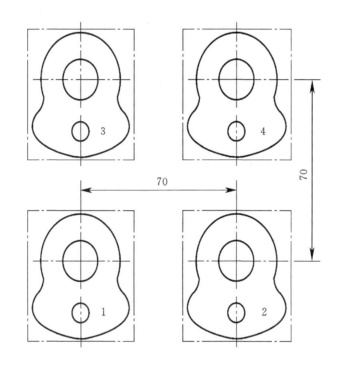

图7-5 零件在夹具中的位置

思考与练习

（1）总结提出容易出现的问题，及预防措施，并写出实训报告。

（2）知识拓展。

①刀具路径规划是否有新的方法？

②如果零件的材料变化，工艺和刀具以及切削用量又如何安排？

③如果机床的系统发生变化，如何改写程序？

项目八

阀体盖

项目导入

该课题主要介绍介绍固定循环指令的作用和使用方法，以及对相同结构孔群的编程加工方法。最后达到以下课题功能：项目造型图如图8-1所示。

（1）了解多孔加工的工艺方法，合理选用加工方式，正确选用刀具、量具及合理的切削用量；

（2）能应用固定循环指令编制加工程序；

（3）了解程序编制中模块化功能的作用和使用方法；

（4）掌握孔的测量及加工精度及误差分析。

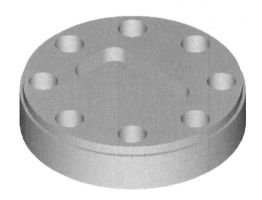

图8-1　项目三维造型图

项目指定

一、项目内容

本项目要求加工如图8-1所示的零件，首先读图、识图，编制该零件的加工工艺，编制完成零件的加工程序，加工完成后进行质量检验和质量分析，并写出总结。

二、重点与难点

（1）三爪卡盘在数控铣床上综合应用；

（2）编制零件的加工工艺；

（3）合理的选择加工刀具；

（4）采用定制刀具对孔尺寸的控制；

（5）编程技巧的使用。

三、相关知识与技能要点

（1）零件加工工艺的合理安排；

（2）固定循环指令应用。

项目计划

一、项目任务分析

1. 项目特点

本项目为带孔零件的加工，掌握中等复杂内零件在数控铣床上的加工制造，工艺的编制、刀具的选用、切削用量的合理选择等。同时三爪卡盘作为夹具在数控铣床上的使用方法。

2. 项目中的关键工作

本项目的关键工作为孔类零件加工的工艺的合理安排，刀具的合理应用。

3. 完成时间

此工件的加工时间为：240分钟/人。

二、分工与进度计划

1. 成员分组

每组5人，根据学生的总人数酌情分为4～6个小组，并由教师指定或由学生自己选出小组长一名，学习过程中由小组长组织学生进行讨论和资料的收集及整理。学生分组时注意学生的搭配，特别应该注意由于每个学生的学习能力有强有弱，每个小组的学生配备应该均衡、优生差生相结合，这样才能取得较好的学习效果。

2. 编写项目计划

项目计划见表8-1。

表8-1　项目计划

任务	内容	时间/h	人员	备注
任务一	图纸分析	2	每组人员	
任务二	工艺分析及工艺编制	2	每组人员	
任务三	程序编制	2	每组人员	小组所有人员进行讨论、查阅相关资料
任务四	零件加工	3	每组人员	
任务五	零件检验及质量分析并写出质量总结报告	2	每组人员	

项目准备

一、资源要求

（1）设备：数控铣床一台型号为GSK-990MA、每组学生配备一台设备。

（2）数控刀排及刀套若干。

（3）通用量具及工具若干。

（4）原材料的准备。本项目使用材料为45#钢，材料尺寸为：$\varnothing 70 \times 20$，学生人均一件。材料需经过车工前期加工。有条件的可用磨床磨两大端面。

二、相关资料

《金属切屑手册》、《铣工工艺与技能训练》、《数控铣床的编程及操作》等。

三、项目知识准备

孔加工主要使用的是固定循环指令，表8-2为孔加工固定循环动作一览表。

表8-2 加工循环动作表

G指令	加工动作-Z向	在孔底部的动作	回退动作-Z向	用途
G73	间歇进给		快速进给	高速钻深孔
G74	切削进给（主轴反转）	主轴正转	切削进给	反转攻螺纹
G76	切削进给	主轴定向停止	快速进给	精镗循环
G80				取消固定循环
G81	切削进给		快速进给	定点钻循环
G82	切削进给	暂停	快速进给	锪孔
G83	切削进给		快速进给	钻深孔
G84	切削进给（主轴正转）	主轴反转	切削进给	攻螺纹
G85	切削进给		切削进给	镗循环
G86	切削进给	主轴停止	切削进给	镗循环
G87	切削进给	主轴停止	手动或快速	反镗循环
G88	切削进给	暂停、主轴停止	手动或快速	镗循环
G89	切削进给	暂停	切削进给	镗循环

下面分别从不同的系统来介绍固定循环指令：

（一）FANUC-0i系统固定循环

1.孔加工动作

孔加工固定循环指令通常由下述6个动作构成（见图8-2）：

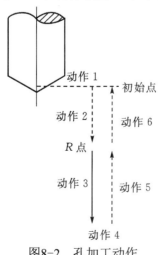

图8-2 孔加工动作

（1）X、Y轴定位；

（2）快速运行到R平面；

（3）Z轴切削进给，进行孔加工；

（4）在孔底部的动作；

（5）退回到R平面，即Z轴退刀；

（6）Z轴快速返回到起始点。

由此可知，固定循环只能在X-Y平面上使用，Z轴仅作孔加工进给。此时平面选择功能无效，其中动作3的进给速度由F代码给定。

2. 固定循环指令的通用指令

G90（91）　G98（99）　G73～G89　X__Y__Z__R__Q__P__F__K__。

G90（91）：绝对（增量）坐标方式；

G98（99）：返回初始平面（R点平面）；

X__Y__：指定孔在XY平面内的定位；

R__：R点平面所在位置；

Z__：孔底平面的位置；

Q__：当有间隙进给时，刀具每次加工深度；精镗孔或反镗孔循环中的退刀量；

P__：指定刀具在孔底的暂停时间，数值不加小数点，以ms作为时间单位；

F__：孔加工时切削进给速度；

K__：指定固定循环的次数。

以上格式中，除K代码外，其他所有代码都是模态代码，只有在循环取消时才被清除，因此这些指令已经指定，在后面的重复加工中不必重新指定。取消孔加工循环采用代码G80.另外如在孔加工循环中出现01组的G代码，则孔加工方式也会自动取消。

3. G98与G99方式

G98表示返回到初始平面，编程格式为：G98　G81　X__Y__Z__R__F__K__；

G99表示返回到R点平面，编程格式为：G99　G82　X__Y__Z__R__P__F__K__；

4. G90与G91方式

固定循环中R值与Z值的指定与G90、G91的方式选择有关系，而Q值与G90、G91方式无关。

5. 固定循环指令

（1）高速钻深孔循环G73和钻深孔循环指令G83。

指令格式：G73　X__Y__Z__R__Q__F__K__；

　　　　　G83　X__Y__Z__R__Q__F__K__；

说明：

Q——每次进给深度；

K——指令执行重复次数。

G73用于Z轴的间歇进给，使深孔加工时容易排屑，减少退刀量，可以进行高效率的加工。G73指令动作循环见图8-3。

注意：Z、K、Q移动量为零时，该指令不执行。

G83指令动作循环见图8-4，该指令通过Z轴方向的间歇进给实现断屑与排屑动作。与G73指令不同的是：刀具间歇进给后快速回退到R点，再快速进给到Z向距上次切削孔底面处，再从该处快进变成工进。

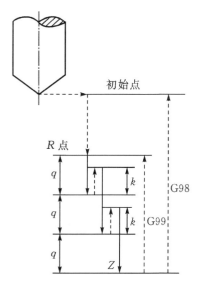

图8-3　G73指令动作循环

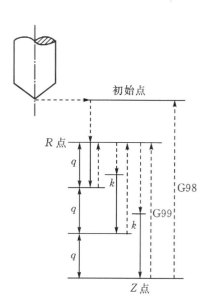

图8-4　G83指令动作循环

（2）钻孔循环指令G81与锪孔循环G82。

指令格式：G81　X__Y__Z__R__F__；

　　　　　G82　X__Y__Z__R__P__F__；

G81钻孔动作循环，包括X，Y坐标定位、快进、工进和快速返回等动作。G81指令动作循环见图8-5。

G81指令用于正常的钻孔，切削进给执行到孔底，然后刀具从孔底快速的退回。G82指令除了要在孔底暂停外，其他动作与G81相同。暂停时间由地址P给出。G82指令主要用于加工盲孔，以提高孔深精度，减小孔底表面粗糙度值。

注意：如果Z的移动量为零，该指令不执行。

（3）G80取消固定循环。该指令能取消固定循环，同时R点和Z点也被取消。

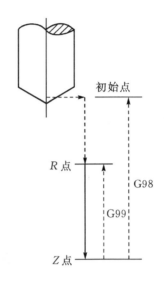

图8-5　G81指令动作循环

（二）SIEMENS系统固定循环

SIEMENS-840D/810D系统的固定循环和FANUC-Oi系统的固定循环功能相似，只是SIEMENS系统的固定循环功能以CYCLE81～CYCLE89来调用，切调用为非模态调用。

1. 固定循环的调用

非模态调用格式：CYCLE81～CYCLE89（RTP、RFP、SDIS、DP、DPR...）

模态调用格式：CYCLE81～CYCLE89（RTP、RFP、SDIS、DP、DPR）

MCALL

2. 钻孔循环指令CYCLE81

指令格式：CYCLE81（RTP，RFP，SDIS，DP，DPR）；

RTP：返回平面，用绝对值编程；

RFP：参考平面，用绝对值编程；

SDIS：安全距离，无符号编程，其值为参考平面到加工开始平面的距离；

DP：最终的孔加工深度，用绝对值编程；

DPR：孔的相对深度，无符号编程，其值为最终孔加工深度与参考平面的距离。程序中参数DP与DPR只用指定一个，若同时指定，以参数DP为准。

3. 深孔往复排屑钻孔循环CYCLE83

指令格式：CYCLE83（RTP，RFP，SDIS，DP，DPR，FDEP，FDPR，DAM，DTB，DTS，FRF，VARI）；

参数RTP，RFP，SDIS，DP，DPR，DTB说明参照CYCLE82；

FDEP：起始钻孔深度，用绝对值表示；

FDPR：相对于开始加工平面的起始孔深度，无符号；

DAM：相对于上次钻孔深度的Z向退回量，无符号；

DTS：起始点处于排屑的停顿时间；

FRF：钻孔深度上的进给率系数；

VARI：排屑与断屑类型的选择。VARI＝0为断屑，VARI＝1为排屑。

项目实施

项目零件如图8-6所示。

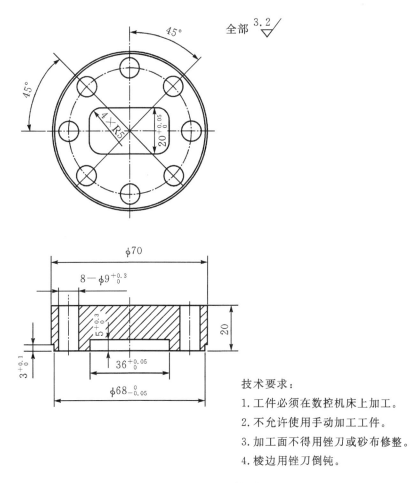

技术要求：

1. 工件必须在数控机床上加工。

2. 不允许使用手动加工工件。

3. 加工面不得用锉刀或砂布修整。

4. 棱边用锉刀倒钝。

图8-6　项目零件图

一、图纸分析及技术要求

（1）看懂图纸，要求学生能够画出此零件的轴测图或者三维图。

（2）该项目要求学生在数控铣床上加工出该零件，保证零件图所要求的各项尺寸精度。

（3）零件图上的毛坯料在加工前需要车工配合，使圆棒料的外圆见光，粗糙度要求在3.2，其次两个端面要平行且与轴线的垂直度要好，（0.03之内）才能保证铣加工过程中零件尺寸精度的保证。

（4）从图8-6上看，$\varnothing 9$的8个通孔得精度要求不高，可一次加工。$\varnothing 68$的外圆采用粗精铣的办法来控制尺寸。

（5）36×20，$R5$的矩形圆弧槽的尺寸精度能够较好的控制，同样使用一次加工的办法，保证其在公差范围之内。

（6）按照技术要求，提高生产效率，该零件的残料加工也必须在数控铣床上完成，要求学生能够分析出剩余残料的位置，用程序清除多余残料，不能用手动清除残料。

（7）能够正确使用工卡量具检测工件。

二、工艺分析及工艺编制

（一）加工工艺分析

该零件包含了外形轮廓、$\varnothing 9$的8个通孔、36×20，$R5$的矩形圆弧槽的加工，有较高的尺寸精度和位置精度等形位精度要求。编程前必须详细分析图纸中各部分的加工方法及走刀路线，选择合理的装夹方案和加工刀具，保证零件的加工精度要求。初步加工方案如下：

（1）外轮廓的粗、精铣削，批量生产时，粗精加工刀具要分开，粗加工留0.2 mm余量。

（2）钻$\varnothing 9$的8个通孔。

（3）铣36×20，$R5$的矩形圆弧槽。

（二）工件的定位与夹紧

选用三爪自定心卡盘装夹定位，工件上表面高出三爪自定心卡盘端面8 mm左右。注意安装时清理三爪自定心卡盘底部。

（三）编程原点的确定（工件坐标系的建立）

以$\varnothing 70$毛坯中心做为编程原点，建立工件坐标系。

加工方案及工艺路线的确定：

①加工方案。

孔、36×20，$R5$的矩形圆弧槽采用一次加工完成，外圆采用粗精加工的加工方案。

②工艺路线。

粗铣$\varnothing 68$的外圆，并给精铣留0.2～0.3的余量。

用固定循环钻$\varnothing 9$的8个通孔。

用固定循环铣36×20，R5的矩形圆弧槽。

精铣∅68的外圆，并调整到尺寸公差范围内。

（四）工艺参数的确定

①刀具的选择。

选用∅10的键槽铣刀、∅9的麻花钻。

②主轴转速确定。

600 r/min（用倍率开关适当调节）。

③进给速度的确定。

F100 mm/min（用倍率开关适当调节）。

④相关的数值计算（借助CAD/CAM软件获取查询的点）。

（五）数控加工工序卡片

数控加工工序卡片主要用于反映使用的辅具、刀具规格、切削用量参数、加工工步等内容，它是操作人员结合数控程序进行数控加工的主要指导性工艺资料。工序卡应按已确定的工步顺序填写。数控加工工序卡片格式见表8-3。

表8-3 数控加工工序卡

单　位	数控加工工序卡片		产品名称	零件名称	材料	零件图号
工序号	程序编号	夹具名称	夹具编号	设备名称	编制	审核
				FANUC		
工步号	工步内容	刀具号	刀具规格	主轴转速/（r/min）	进给速度/（mm/min）	背吃刀量/mm
1	去除轮廓边角料	T01	∅18 mm立铣刀	400	80	
2	粗铣∅68外轮廓	T01	∅18 mm立铣刀	500	100	
3	钻∅9的8个通孔	T02	∅9 mm麻花钻			
4	铣36×20，R5矩形圆弧槽	T03	∅10 mm键槽铣刀			
5	精铣∅68外轮廓	T04	∅20 mm立铣刀			

（六）工、量、刀具清单

工、量、刀具清单如表8-4所示。

表8-4 工、量、刀具清单

零件名称		阀体盖		零件图号		K8
项目	序号	名称	规格	精度	单位	数量
量具	1	深度游标卡尺	0～200	0.02	把	1
	2	粗糙度样块	N0～N1	12级	副	1
	3	游标卡尺	0～150	0.02	把	1
	4	外径千分尺	50～75	0.01	个	1
	5	内径千分尺	0～25	0.01	把	1
	6	内径千分尺	25～50	0.01 0.01	把	1
刀具	7	立铣刀	∅10		个	1
	8	细板锉	10′		个	1
	9	中心钻	A2		个	1
	10	麻花钻	∅9		个	1
工具	11	磁力百分表座	0～0.8		副	若干
	12	铜棒	∅130		个	1
	13	平行垫铁			副	若干
	14	三爪卡盘	∅130		个	1
	15	活扳手	12′		把	1
机床系统	16	西门子802S				

三、程序编制

程序名：LY2（SIEMENS 802S系统编程）。

N001　G90　G54　S300　M03；　　　　　程序初始化

N002　G01　Z5　F2000；

N003　X0　Y0；

N004　L1；

N005　L2　P8；

N006　G158；

N007　L2；

N008　M02；

L1　　　　　　　　　　　　　　　子程序1

N001　G42　X34；

N002　Z0.5　F500；

N004　Z-3　F100；

N005　G3　I-34；

N006　G1　Z5　F2000；

N007　G40　X0　Y0；

N008　M30；

L2

N001　X27.5　Y0；

R101＝55　R102＝1；

R103＝0　R104＝20；

R105＝0　R107＝100；

R108＝100　R109＝0；

R110＝-2　R112＝2；

R127＝1；

N002　LCYC83；

N003　G259　RPL＝45；

N004　M30；

L3

N001　R101＝5　R102＝1；

R103＝0　R104＝-5；

R116＝0　R117＝0；

R118＝36　R119＝20；

R120＝5　R121＝2；

R122＝100　R123＝100；

R124＝0　R125＝0；

R126＝2　R127＝1；

N002　LCYC75；

N003 M30;

注意事项：

（1）使用杠杆百分表找正中心时，磁性表座应吸在主轴端面上。

（2）铣削外形轮廓时，刀具应在工件外面下刀，注意避免刀具快速下刀时与工件发生碰撞。

（3）在圆弧槽铣削加工时，分清顺逆铣，采用顺铣，以提高尺寸精度和表面粗糙度。

（4）注意换刀时刀具长度补偿。

（5）合理的确定固定循环中的各种参数，防止撞车。

四、零件加工

（一）加工前准备

（1）安装三爪卡盘及机床垫铁，保证垫铁上表面和机床工作台的平行度。

（2）检查机床润滑油，如果不够，请及时加注润滑油的规定标线。

（3）安装刀具到机床主轴，填写刀具补偿参数，注意刀具切勿伸出刀套太长，以免影响刀具强度。

（4）用压板或者螺钉把三爪卡盘固定在机床工作台面上，在三爪卡盘上安装专用垫铁，使专用垫铁的上表面和机床工作台的误差在0.02之内。

（5）装夹工件敲平垫铁，垫铁不得随意晃动并且高于三爪卡盘钳口断面8 mm。然后校正工件用百分表找$\varnothing$70外圆的圆心，误差控制在0.02之内，并以此点为工件坐标系的原点，建立工件坐标系。

（6）输入加工程序，并做好程序的校验工作，确保加工前，程序必须做到准确无误。

（7）首件试切，测量工件尺寸，调整参数，使得工件尺寸符合图样要求。

（8）进入自动加工状态进行零件加工。

（9）加工零件。

（10）拆卸工件，修净毛刺，清理工件，使得工件处于洁净状态。

（11）做到安全文明生产，打扫场地卫生，交还工具。

（二）重点、难点注意

（1）工件坐标系的建立必须要做到精确，否则会影响到加工后的$\varnothing$9的8个通孔、36×20，R5的矩形圆弧槽的对称度要求。

（2）注意尺寸公差的调整，保证在要求范围之内。

（3）注意刀具的长度补偿，和半径补偿。

五、零件质量检验及质量分析

（1）工件的检验依据评分标准进行相关项目的检测见表8-5。

表8-5 质量检验及质量分析

班级			姓名		零件名称	阀体盖	零件图号		K8
内容		序号	检测项目	配分	评分标准	检测结果		扣分	得分
基本检验	编程	1	工艺制定正确	5					
		2	切削用量选择正确	5					
		3	程序正确、简单明确规范	5					
	操作	4	设备操作、维护保养正确	3					
		5	刀具选择、安装正确、规范	4					
		6	工件找正、安装正确、规范	4					
	文明生产	7	穿戴好劳保用品	3					
		8	工卡量具摆放整齐	3					
		9	损伤工件、打刀	5					
内容		序号	技术要求	配分	评分标准	检测结果		扣分	得分
尺寸检测		1	$8 \times \varnothing 9_0^{+0.1}$	10	超0.01扣1分				
		2	$\varnothing 70_{-0.05}^0$	10	超0.01扣1分				
		3	$36 \times 20_0^{+0.05}$	10	超0.01扣1分				
		4	$4 \times R5$	10	超0.01扣1分				
		5	表面粗糙度$R_a 3.2$	5	超0.01扣1分				
		6	锐边倒钝无毛刺	5	超0.01扣1分				
		7	$5_0^{+0.1}$	5	超0.01扣1分				
		8	$3_0^{+0.1}$	5	超0.01扣1分				
尺寸检测总计			基本检查总计			成绩			
记事		检测评分人签名：							
		课时（时数）		120		工时（分钟）		240	

（2）质量分析。

①$\varnothing 68^{0}_{-0.05}$外圆尺寸必须要保证。

②$\varnothing 9$的8个通孔必须要保证位置准确。

（3）加工过程中容易出现问题以及注意事项。

①$\varnothing 68^{0}_{-0.05}$外圆尺寸不准，刀补填写是否正确。

②$\varnothing 9$的8个通孔位置不准确，工件坐标系建立是否准确。

③相关坐标点的计算（可借助CAD软件）。

④注意换刀时刀具长度的补偿。

⑤注意清理残料时，防止铣伤工件。

项目总结

本项目介绍了常用的零件的加工工艺、编程及加工方法，在加工工件时，要注意以下几点：

（1）在固定循环指令前应使用M03或M04指令使主轴回转；

（2）在固定循环程序段中X、Y、Z、R数据应至少指令一个才能进行孔加工；

（3）在使用控制主轴回转的固定循环（G74、G84、G86）中，如果连续加工一些孔间距比较小，或者初平面到R点平面的距离比较短的孔时，会出现在进入孔的切削动作前时，主轴还没有达到正常转速的情况，遇到这种情况时，应在各孔的加工动作之间插入G04指令，以获得时间；

（4）当用G00～G03 指令注销固定循环时，若G00～G03 指令和固定循环出现在同一程序段，按后出现的指令运行；

（5）在固定循环程序段中，如果指定了M，则在最初定位时送出M信号，等待M信号完成，才能进行孔加工循环。

项目训练

项目练习图如图8-7所示。

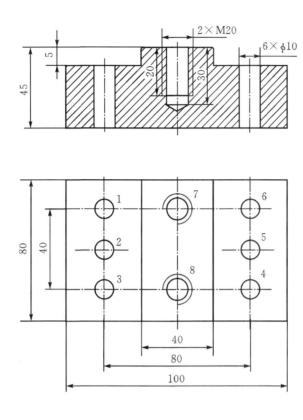

图8-7　项目练习图

思考与练习

（1）总结容易出现的问题及预防措施，并写出实训报告。

（2）知识拓展。

①如果零件材料为铸铁，如何选择切削用量？

②如果系统发生变化，该如何编写程序？

项目九

离合器的加工

项目导入

离合器在实际生产中的应用十分广泛，常用的离合器有牙嵌、摩擦式、超越式离合器。其中牙嵌式离合器结构简单、可靠，制造成本低，深受用户的青睐。常用的牙嵌式离合器有以下几种，如图9-1、图9-2所示。

图9-1　牙嵌式离合器的啮合

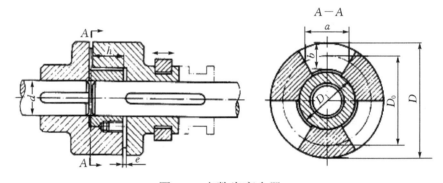

图9-2　奇数齿离合器

项目指定

一、项目内容

本项目要求加工如图9-3所示的离合器，首先编制该零件的加工工艺，编制完成零件的加工程序，加工完成后进行质量检验和质量分析。

图9-3　牙嵌式离合器的应用

二、重点与难点

（1）三爪卡盘在数控铣床上的使用方法。

（2）利用百分表和磁力表座确定工件坐标系的位置。

（3）设计并制作一个专用的垫铁。

（4）离合器的加工方法，特别是奇数齿和偶数齿离合器在加工时的注意事项。

（5）坐标旋转指令的正确运用。

三、相关知识与技能要点

（1）利用百分表和磁力表座确定工件坐标系的位置。

（2）离合器齿侧间隙的控制。

项目计划

一、项目任务分析

1. 项目特点

本项目为矩形齿牙嵌式离合器的加工，熟练离合器类零件在数控铣床上的加工制造，同时还训练三爪卡盘作为夹具在数控铣床上的使用方法（三爪卡盘在车床上的应用最为广泛，在铣床上的使用一般主要为圆柱类零件的装卡）。

2. 项目中的关键工作

本项目的关键工作为加工完毕的离合器要能相互啮合，这要求每个离合器的内外圆的同轴度必须要保证。

3. 完成时间

此工件的加工时间为：240分钟/人。

二、分工与进度计划

1. 成员分组

每组5人，根据学生的总人数酌情分为4～6个小组，并由教师指定或由学生自己选出小组长一名，学习过程中由小组长组织学生进行讨论和资料的收集及整理。学生分组时注意学生的搭配，特别应该注意由于每个学生的学习能力有强有弱，每个小组的学生配备应该均衡、优生差生相结合，这样才能取得较好的学习效果。

2.编写项目计划

项目计划见表9-1。

表9-1　项目计划

任务	内容	时间/h	人员	备注
任务一	图纸分析	2	每组人员	
任务二	工艺分析及工艺编制	2	每组人员	
任务三	程序编制	2	每组人员	小组所有人员进行讨论、查阅相关资料
任务四	零件加工	3	每组人员	
任务五	零件检验及质量分析并写出质量总结报告	2	每组人员	

项目准备

一、资源要求

（1）设备：数控铣床一台型号为GSK-990MA、每组学生配备一台设备。

（2）刀具常用键槽铣刀各一把。

（3）通用量具及工具若干。

（4）原材料。本项目使用材料为45#钢，材料尺寸为：$\varnothing 70 \times 30$，学生人均一件。材料需经过车工前期加工。

二、相关资料

《金属切屑手册》、《铣工工艺学》、《数控铣床的编程及操作》等。

三、项目知识准备

（一）铣削离合器的数控编程知识

1. 格式

G17/G18/G19　G68...　　　　　　坐标系旋转开始

...　　　　　　　　　　　　　　坐标系旋转状态

G69;　　　　　　　　　　　　　坐标系旋转取消

2. 式中详解

G17（G18、G19）：用于选择旋转平面（该面内包含有需旋转的轮廓）。

$\alpha\_\_\beta\_\_$：旋转中心，可用XY，ZX，YZ指定，由G17、G18、G19决定。

$R\_\_$：旋转角度，顺时针指定。

参数041的0位用于选择旋转角度的指定方式。

041#0＝0，R值为绝对旋转角度；

041#0＝1，G90时，R值为绝对旋转角度；G91时，R值为旋转角度增量。

最小输入增量：0.001（度）。

无效数据范围：＞360，000。

坐标系旋转的重复。

可将一个程序当子程序存贮起来，再通过修改其角度来调用子程序。下例是在参数041＃0＝1的情况下编制的，此时角度指定用绝对值还是增量值依赖于G代码（G90/G91）状态。

（二）离合器的铣削工艺及方法

矩形齿离合器也称为直齿离合器，根据离合器齿数分为奇数齿和偶数齿两种。这两种离合器齿的侧面都通过工件中心；为保证两个离合器能够正确啮合，齿形必须准确；由于是成对使用，同轴精度要求也要高；表面粗糙度值要小，R_a值为3.2 μm至1.6 μm；齿部要淬火，以具有一定的强度和耐磨性。

矩形齿离合器的铣削。矩形齿离合器的齿顶面和槽底面相互平行且均垂直于轴线，圆周展开齿形为矩形。

1. 奇数矩形齿离合器的铣削

（1）铣刀选择。铣奇数齿矩形齿离合器时选用三面刃铣刀或立铣刀。为了使离合器的小端齿不被铣伤，三面刃铣刀的宽度L或立铣刀的直径D应略小于齿槽小端的宽度b。铣刀宽按下式计算：如图9-4（b）所示。

$$L \leqslant b = \frac{d_1}{2}\sin\alpha = \frac{d_1}{2}\sin\frac{180°}{z}$$

式中：d_1——离合器的齿圈内径（m）；

α——离合器的齿槽角（°）；

z——离合器的齿数；

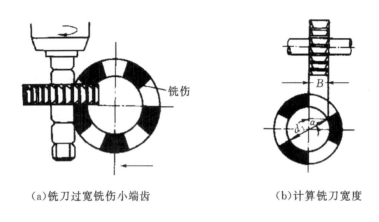

（a）铣刀过宽铣伤小端齿　　　　　　（b）计算铣刀宽度

图9-4　铣刀选择（奇数齿）

（2）工件的安装和校正。工件装夹在三爪卡盘上应校正工件的径向跳动和端面跳动符合要求。如果是用心轴装夹工件，应将芯轴校正后再将工件装夹在芯轴上进行加工。

（3）对称中心。铣削时应使三面刃铣刀的端面刃或立铣刀的周刃通过工件中心。一般情况下装夹校正工件后，在工件上划出中心线，然后按线对中心工件校正，直径较小要用刀侧面擦外圆的方法，如图9-5（a）所示。

（4）铣削方法。对中心铣削工件时使铣刀切削刃轻轻与工件端面接触，然后退刀。按齿高调整切削深度、将不使用的进给及分度头主轴紧固，使铣刀穿过整个端面一次铣出两个齿的各一个侧面，退刀后松开分度头紧固手柄。分度铣第二刀，以同样的方法铣完各齿走刀次数等于奇数齿离合器的齿数，如图9-5（b）所示。

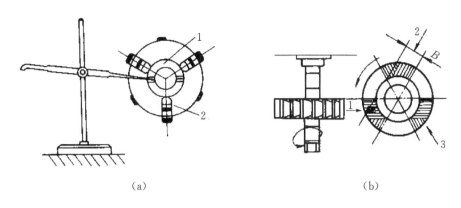

（a）   （b）

图9-5 划线及加工方向

2. 偶数齿矩形齿离合器的铣削

（1）铣刀选择。

铣偶数齿矩形齿离合器也用三面刃铣刀或立铣刀。如图9-6所示，三面刃铣刀的宽度或立铣刀直径尺寸的确定与铣奇数齿离合器相同。铣偶数齿离合器时，为了不使三面刃铣刀铣伤对面的齿又能将槽底铣平，三面刃铣刀的最大直径可用下式确定：

$$D \leqslant \frac{T^2 + d_1^2 + 4L^2}{T}$$

式中：D——三面刃铣刀允许最大直径；

   T——离合器齿槽深；

   d_1——离合器齿圈内径；

   L——三面刃铣刀宽。

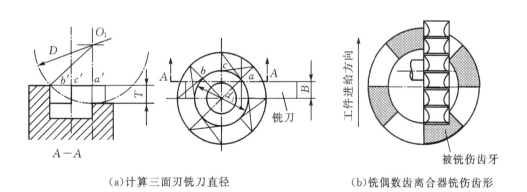

（a）计算三面刃铣刀直径   （b）铣偶数齿离合器铣伤齿形

图9-6 铣刀选择（偶数齿）

（2）铣削方法。

工件的装夹、校正、划线、对中心线方法与铣奇数齿矩形齿离合器相同。铣偶数离合器时，铣刀不能通过工件整端面。每次分度只能铣出一个齿的一个侧面。因此注意不要铣伤对面的齿。

如图9-7所示，铣削时首先使铣刀的端面1对准工件中心。

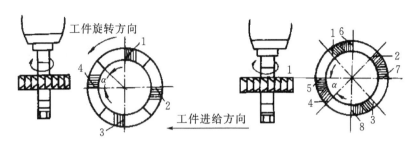

图9-7　偶数齿离合器的铣削

如图9-7（a）所示分度铣出齿侧1、2、3、4，然后将工件转过一个槽角α，再将工作台移动一个刀宽的距离，使铣刀端面2对准工件中心，再依次铣出每个齿的另一个侧面5、6、7、8，如图9-7（b）所示。

（三）铣矩形齿离合器齿侧间隙

为了使离合器工作时能顺利地嵌合和脱开，矩形齿离合器的齿侧应有一定的间隙。间隙是采取将离合器的齿多铣去一些，使齿槽大于齿牙的方法来保证。铣齿槽间隙的方法有如下两种（见图9-8）：

1. 偏移中心法

铣刀侧面对好中心后使三面刃铣刀的端面刃或立铣刀的周刃向齿侧方向超过中心0.2～0.3 mm，使离合器略为减小。齿侧产生间隙只是齿侧不通过工件中心，因此只用于精度要求不高的离合器加工，见图9-9。

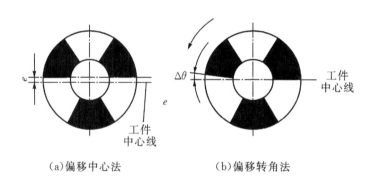

（a）偏移中心法　　　　　　（b）偏移转角法

图9-8　齿侧间隙的控制

2. 偏转角度法

铣刀对中后依次将全部齿槽铣完，然后将工件转过一个角度$\Delta\theta$（$\Delta\theta=2°\sim4°$或按图纸要求）再对各齿一侧铣一次，这样齿牙就变小，而齿侧仍通过工件中心。这种方法适用于精度要求较高的离合器加工，见图9-9。

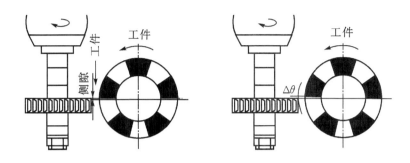

图9-9　齿侧间隙的控制

项目实施

项目零件图如图9-10所示。

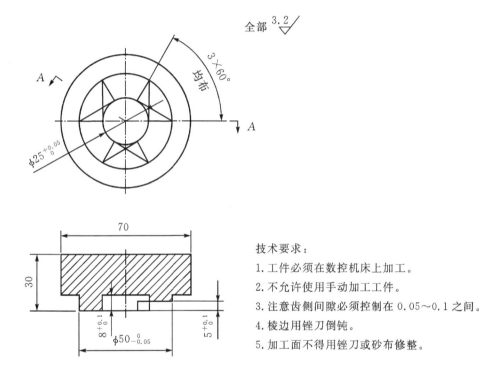

技术要求：

1.工件必须在数控机床上加工。

2.不允许使用手动加工工件。

3.注意齿侧间隙必须控制在0.05～0.1之间。

4.棱边用锉刀倒钝。

5.加工面不得用锉刀或砂布修整。

图9-10　项目零件图

一、图纸分析及技术要求

（1）看懂图纸，要求学生能够画出此零件的轴测图或者三维图。

（2）学生在普通铣床的训练阶段在分度头上加工过此零件，但是该项目要求学生必须在数控铣床上加工出该零件，最大的区别是在数控铣床上不需要分度头，利用数多轴联动的特点就可顺利地加工出该零件。

（3）为了提高生产效率，该零件的残料加工也必须在数控铣床上完成，要求学生能够分析出剩余残料的位置，用程序清除多余残料，不能用手动清除残料。

（4）按照技术要求，齿侧间隙必须控制在0.05～0.1之间，以便离合器之间能够顺利啮合。

二、工艺分析及工艺编制

（一）工件的定位与夹紧

选用三爪自定心卡盘装夹定位。

（二）编程原点的确定（工件坐标系的建立）

以ϕ70毛坯中心做为编程原点，建立工件坐标系。

（三）加工方案及工艺路线的确定

（1）加工方案。

采用先粗加工后精加工的加工方案。

（2）工艺路线。

①粗铣ϕ70深8的外圆，留精加工余量0.2～0.3。

②粗铣ϕ25内园深8的内圆，留精加工余量0.2～0.3。

③粗铣离合器的三个齿。

④精铣ϕ70深8的外圆至尺寸。

⑤精铣ϕ25内园深8的内圆至尺寸。

⑥精铣离合器的三个齿，并注意控制三个齿的啮合间隙。

（四）工艺参数的确定

①刀具的选择。

加工选用ϕ10的键槽铣刀。

②主轴转速确定。

600 r/min（用倍率开关适当调节）。

③进给速度的确定。

F100 mm/min（用倍率开关适当调节）。

④加工工艺步骤见表9-2。

表9-2　矩形齿离合器铣削加工工艺步骤

加工步骤	加工内容
1	选择10键槽铣刀实现粗精加工
2	用压板和螺钉把三爪卡盘固定在机床工作台面上
3	在三爪卡盘上安装专用垫铁，使专用垫铁的上表面和机床工作台的误差在0.02之内
4	装夹工件，敲平垫铁，要求完成后，垫铁不得随意晃动，装夹并校正工件用百分表找∅70外圆的圆心，误差控制在0.02之内，并以此点为工件坐标系的原点，完成零点偏移
5	编程输入，校验程序
6	按奇数矩形齿离合器加工方法铣各齿
7	用偏中心法控制好齿间隙
8	卸下工件进行测量

三、夹具、量具与刀具准备

（1）夹具：三爪卡盘一个/组。专用垫铁一个。

（2）工、量、刀具清单见表9-3。

表9-3　工、量、刀具清单

序号	名称	规格	精度	数量
1	游标卡尺	0～150	0.02	2
2	深度游标卡尺	0～200	0.02	2
3	键槽铣刀	$\varnothing 10 \times 50 \times 25$		2
4	千分尺	25～50 mm		2
5	百分表	0～10	0.01	2
6	$\varnothing 25H6$塞规			1
7	磁力表座	200		1
8	垫铁			若干
9	常用工具			若干

程序名：O0001（FANUC系统）

N001　G90　G54　S300　M03；

N002　G01　Z5　F2000；

N003　X0　Y0；

N004　L1；

N005　G42　X34；

N006　Z0.5　F500；

N007　Z-5　F100；

N008　M98　P2；

G69；

M98　P3　L3；

G69；

M98　P4　L3；

G69；

M98　P5；

M98　P6；

N009　Z5　F2000；

N010　G40　X0　Y0；

N011　G69；

N012　L3　P2；

N013　G158；

N014　L4；

N015　M30；

O0002

N001　G42　X34；

N002　Z0.5　F500；

N003　Z-8　F100；

N004　G03　I-34；

N005　G01　Z5　F2000；

N006　G40　X0　Y0；

N007 M99；

O0003

N001 G91 G68 X0 Y0 R60；

N002 G90 X34 Y0 F100；

N003 M99；

O0004

N001 G42 X34 Y−7.5；

N002 Z0.5 F500；

N003 Z−4 F100；

N004 X−34；

N005 Y7.5；

N006 X34；

N007 Z5 F2000；

N008 G40 X0 Y0；

N009 G68 X0 Y0 R90°；

N010 M99；

O0005

N001 G42 X10；

N002 Z0.5 F500；

N003 Z−10 F100；

N004 G02 I−10；

N005 G01 Z5 F2000；

N006 G40 X0 Y0；

N007 M99；

五、零件加工

（一）机床准备

（1）安装三爪卡盘及机床垫铁，保证垫铁上表面和机床工作台的平行度。

（2）检查机床润滑油，如果不够，请及时加注润滑油的规定标线。

（3）安装刀具到机床主轴，填写刀具补偿参数，注意刀具切勿伸出刀套太长，以免

影响刀具强度。

（4）建立好工件坐标系到规定位置（$\varnothing$70外圆）。

（二）加工零件

（1）输入加工程序，并做好程序的校验工作，确保加工前，程序必须做到准确无误。

（2）首件试切，测量工件尺寸，调整参数，使得工件尺寸符合图样要求。

（3）进入自动加工状态进行零件加工。

（4）拆卸工件，修净毛刺，清理工件，使得工件处于洁净状态。

（5）做到安全文明生产，打扫场地卫生，交还工具。

（三）重点、难点注意

（1）零点偏移必须要做到精确，否则会影响到加工后的内孔、外圆和毛坯$\varnothing$70外圆的同轴度。

（2）齿侧间隙必须要保证，否则会影响到离合器之间的配合。

六、零件质量检验及质量分析

（1）工件的检验依据评分标准进行相关项目的检测如表9-4所示。

表9-4　铣矩形齿离合器评分表

班级		姓名		学号	
零件名称		图号		检测人	
序号	检测项目	配分	评分标准	检测结果	得分
1	$\varnothing 50^{0}_{-0.05}$	15	超差不得分		
2	$\varnothing 25^{+0.05}_{0}$	15	超差不得分		
3	$5^{+0.10}_{0}$	15	超差不得分		
4	$8^{+0.10}_{0}$	15	超差不得分		
5	$3 \times 60°$	10	一处超差扣1分		
6	$R_a 3.2$	5	一处超差扣1分		
7	齿侧啮合间隙	15	超差不得分		
8	安全、文明生产	10	违规扣分，扣完为止		

（2）质量分析。

①$\varnothing 50_{-0.05}^{0}$外圆和$\varnothing 25_{0}^{+0.05}$内孔的同轴度必须控制在0.03之内。

②$\varnothing 50_{-0.05}^{0}$外圆的尺寸必须要保证。

③$\varnothing 25_{0}^{+0.05}$内孔必须用$H6$的塞规检验。

④离合器的齿侧间隙必须要保证在0.05～0.1之间，确保每个离合器之间能顺利啮合。

项目总结

本项目介绍了常用的矩形齿牙嵌式离合器的加工工艺、编程及加工方法，在加工工件时，要注意以下几点：

（1）看清图样特别是对离合器的加工方法——奇数齿离合器和偶数齿离合器的不同方法。

（2）三爪卡盘在使用时，寻找卡盘的中心线时，误差要尽量的小。

（3）注意离合器齿侧间隙的控制，否则加工完毕后，离合器之间没有配合间隙就不能使离合器之间相互啮合。

项目训练

加工如图9-11所示的偶数齿离合器。

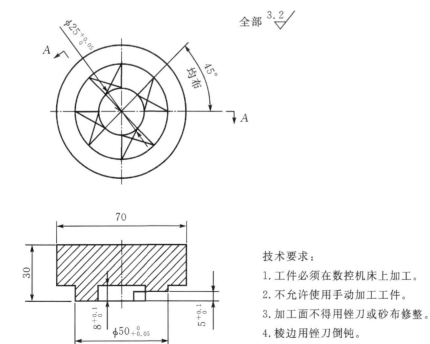

技术要求：

1. 工件必须在数控机床上加工。
2. 不允许使用手动加工工件。
3. 加工面不得用锉刀或砂布修整。
4. 棱边用锉刀倒钝。

图9-11　项目练习图

思考与练习

（1）铣削矩形、牙嵌式离合器用的盘铣刀宽度或立铣刀直径应当如何计算？

（2）试说明奇数齿离合器的铣削方法有何不同。

项目十

五星垫铁

项目导入

　　该课题主要介绍如何综合地对数控铣削加工编程指令进行使用及用CAD软件代替人工计算确定点坐标的方法，最后通过了解加工工艺过程的分析和确定方法，合理地制订出加工工艺路线。项目三维造型图如图10-1所示。

　　通过该项目主要完成以下课题功能：

　　（1）综合地训练对工件的数铣加工编程能力。

　　（2）进一步熟悉和掌握各种加工编程。

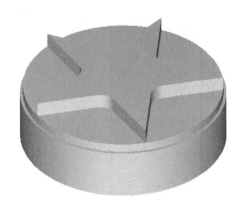

图10-1　三维造型图

项目指定

一、项目内容

　　本项目要求加工如图10-1所示的五星垫铁，首先读图、识图，编制该零件的加工工艺，编制完成零件的加工程序，加工完成后进行质量检验和质量分析，并写出总结。

二、重点与难点

　　（1）三爪卡盘在数控铣床上综合应用。

　　（2）编制零件的加工工工艺。

　　（3）合理的选择加工刀具。

　　（4）采用定制刀具对孔尺寸的控制。

　　（5）编程技巧的使用。

三、相关知识与技能要点

（1）零件加工工艺的合理安排。

（2）数控指令综合应用。

项目计划

一、项目任务分析

1. 项目特点

本项目为五星垫铁的加工，熟练代码的综合应用，掌握中等复杂内零件在数控铣床上的加工制造，工艺的编制、刀具的选用、切削用量的合理选择等。同时三爪卡盘作为夹具在数控铣床上的使用方法。

2. 项目中的关键工作

本项目的关键工作为五星垫铁加工工艺的合理安排。刀具的合理应用。

3. 完成时间

此工件的加工时间为：300分钟/人。

二、分工与进度计划

1. 成员分组

每组5人，根据学生的总人数酌情分为4～6个小组，并由教师指定或由学生自己选出小组长一名，学习过程中由小组长组织学生进行讨论和资料的收集及整理。学生分组时注意学生的搭配，特别应该注意由于每个学生的学习能力有强有弱，每个小组的学生配备应该均衡、优生差生相结合，这样才能取得较好的学习效果。

2. 编写项目计划

项目计划见表10-1。

表10-1　项目计划

任务	内容	时间/h	人员	备注
任务一	图纸分析	2	每组人员	
任务二	工艺分析及工艺编制	2	每组人员	
任务三	程序编制	2	每组人员	小组所有人员进行讨论、查阅相关资料
任务四	零件加工	3	每组人员	
任务五	零件检验及质量分析并写出质量总结报告	2	每组人员	

项目准备

一、资源要求

（1）设备：数控铣床一台型号为GSK-990MA、每组学生配备一台设备。

（2）数控刀排及刀套若干。

（3）通用量具及工具若干。

（4）原材料的准备。本项目使用材料为45#钢，材料尺寸为：$\varnothing 70 \times 25$，学生人均一件。材料需经过车工前期加工，并用磨床磨削两大端面。

二、相关资料

《金属切屑手册》、《铣工工艺与技能训练》、《数控铣床的编程及操作》等。

三、项目知识准备

（1）认真分析零件图纸，确定装夹方式及基准的选择。该零件外形为圆形在选用夹具时选择三爪自定心卡盘进行装夹，安装时要清理干净工作台面以及三爪卡盘底部。

（2）注意刀具的选则和切削用量的选择。

（3）根据零件的技术要求和结构特点，拟定零件的加工工艺、各个面的粗精加工和加工顺序。

（4）拟定零件的检测方法，保证加工精度。

项目实施

项目零件图如图10-2所示。

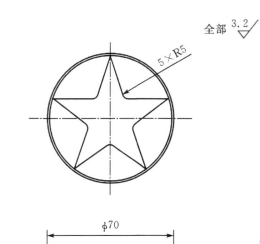

全部 3.2

5×R5

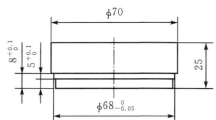

$\phi 70$

$8^{+0.1}_{0}$

$5^{+0.1}_{0}$

25

$\phi 68^{0}_{-0.05}$

技术要求:

1.工件必须在数控机床上加工。

2.不允许使用手动加工工件。

3.加工面不得用锉刀或砂布修整。

4.棱边用锉刀倒钝。

图10-2 项目零件图

一、图纸分析及技术要求

（1）看懂图纸，要求学生能够画出此零件的轴测图或者三维图。

（2）该项目要求学生在数控铣床上加工出该零件，保证零件图所要求的各项尺寸精度。

（3）零件图上的毛坯料在加工前需要车工配合，使圆棒料的外圆见光，粗糙度要求在3.2。其次两个端面要平行且与轴线的垂直度要好，（0.03之内）才能保证铣加工过程中零件尺寸精度的保证。

（4）从图10-2上看，$\phi 68$的外圆得精度较高，采用粗精铣的办法来控制尺寸。

（5）五角星的尺寸精度能够较好地控制，同样使用粗精加工的办法，保证其在公差范围之内。

（6）按照技术要求，提高生产效率，该零件的残料加工也必须在数控铣床上完成，要求学生能够分析出剩余残料的位置，用程序清除多余残料，不能用手动清除残料。

（7）能够正确使用工卡量具检测工件。

二、工艺分析及工艺编制

（一）工艺分析

该零件包含了外形轮廓、直线的加工，有较高的尺寸精度和垂直度、对称度等形位精度要求。编程前必须详细分析图纸中各部分的加工方法及走刀路线，选择合理的装夹方案和加工刀具，保证零件的加工精度要求。

外形轮廓中的 $\phi68$ 尺寸的上偏差为零，可不必将其转变为对称公差，直接通过调整刀补来达到公差要求。初步加工方案如下：

（1）外轮廓的粗、精铣削，批量生产时，粗精加工刀具要分开，粗加工留0.2 mm余量。

（2）加工五角星。

（二）工件的定位与夹紧

选用三爪自定心卡盘装夹定位，工件上表面高出三爪自定心卡盘端面8 mm左右。注意安装时清理干净工作台面。

（1）编程原点的确定（工件坐标系的建立）。

以 $\phi70$ 毛坯中心做为编程原点，建立工件坐标系。

（2）加工方案及工艺路线的确定。

①加工方案。

采用先粗加工后精加工的加工方案。

②工艺路线。

粗铣 $\phi68$ 的外圆，给精加工留0.2～0.3的余量。

粗铣五角星，给精加工留余量。

五角星残料的加工。

精铣 $\phi68$ 的外圆，到尺寸公差范围之内。

精铣五角星，使表面光滑。

（三）工艺参数的确定

①刀具的选择。

加工选用 $\phi10$、$\phi20$ 立铣刀。

②主轴转速确定。

600 r/min（用倍率开关适当调节）。

③进给速度的确定。

F100 mm/min（用倍率开关适当调节）。

（四）相关的数值计算

其坐标相对简单，参照课题图计算。

（五）数控加工工序卡

加工工序如表10-2所示。

表10-2　数控加工工序

单　位	数控加工工序卡片		产品名称	零件名称	材料	零件图号
工序号	程序编号	夹具名称	夹具编号	设备名称	编制	审核
				FANUC		
工步号	工步内容	刀具号	刀具规格	主轴转速 /（r/min）	进给速度 /（mm/min）	背吃刀量 /mm
1	去除轮廓边角料	T01	$\varnothing$20 mm立铣刀	400	80	
2	粗铣外轮廓	T01	$\varnothing$20 mm立铣刀	500	100	
3	粗铣五角星	T02	$\varnothing$10 mm键槽铣刀	700	80	
4	精铣$\varnothing$68外圆	T03	$\varnothing$20 mm立铣刀	600	60	
5	精铣五角星	T04	$\varnothing$10 mm键槽铣刀	800	60	

（六）工、量、刀具清单

工、量、刀具清单见表10-3。

表10-3　工、量、刀具清单

零件名称		五星垫铁		零件图号		K10
项目	序号	名称	规格	精度	单位	数量
量具	1	深度游标卡尺	0～200	0.02	把	1
	2	粗糙度样块	N0～N1	12级	副	1
	3	游标卡尺	0～150	0.02	把	1
	4	外径千分尺	50～75	0.01	把	1
刀具	5	立铣刀	∅10		个	1
	6	细板锉	10′		个	1
工具	7	磁力百分表座	0～0.8		个	1
	8	铜棒			个	1
	9	平行垫铁			副	若干
	10	三爪卡盘	∅130		个	1
	11	活扳手	12′		把	1
机床	16	西门子802S				

三、程序编制

程序名LY1（SIEMENS 802s系统编程）。

N001　G90　G54　S300　M03；

N002　G01　Z5　F2000；

N003　X0　Y0；

N004　L1；

N005　G42　X-6.51　Y14.59；

N006　Z0.5　F500；

N007　Z-5　F100；

N008　L2　P5；

N009　Z5　F2000；

N010　G40　X0　Y0；

N011   G158;

N012   L3   P2;

N013   M02;

L1   子程序1

N001   G42   X34;

N002   Z0.5   F500;

N003   Z-8   F100;

N004   G03   I-34;

N005   G01   Z5   F2000;

N006   G40   X0   Y0;

N007   M30;

L2   子程序2

N001   X0   Y34;

N002   X6.51   Y14.59;

N003   G259   RPL＝72;

N004   M30;

四、零件加工

（一）加工准备

（1）检查机床润滑油，如果不够，请及时加注润滑油的规定标线。

（2）用压板和螺钉把三爪卡盘固定在机床工作台面上，在三爪卡盘上安装专用垫铁，使专用垫铁的上表面和机床工作台的误差在0.02之内。

（3）安装刀具到机床主轴，填写刀具补偿参数，注意刀具切勿伸出刀套太长，以免影响刀具强度。

（4）装夹工件，敲平垫铁，完成后，垫铁不得随意晃动。校正工件用百分表找∅70外圆的圆心，误差控制在0.02之内，并以此点为工件坐标系的原点，完成零点偏移。

（5）输入加工程序并做好程序的校验工作，确保加工前，程序必须做到准确无误。

（6）首件试切，测量工件尺寸，调整参数，使得工件尺寸符合图样要求。

（7）进入自动加工状态进行零件加工。

（8）加工零件。

（9）拆卸工件，修净毛刺，清理工件，使得工件处于洁净状态。

（10）做到安全文明生产，打扫场地卫生，交还工具。

★（二）重点、难点注意

（1）零点偏移必须要做到精确，否则会影响到加工后的同轴度。

（2）落刀位置要计算准确以防肯伤工件，铣刀损坏。

五、零件质量检验及质量分析

零件质量检验及质量分析见表10-4。

表10-4　质量检验及质量分析

班级			姓名		零件名称	五星垫铁	零件图号	K10
内容		序号	检测项目		配分	评分标准	检测结果	扣分	得分
基本检验	编程	1	工艺制定正确		5				
		2	切削用量选择正确		5				
		3	程序正确、简单明确规范		5				
	操作	4	设备操作、维护保养正确		3				
		5	刀具选择、安装正确、规范		4				
		6	工件找正、安装正确、规范		4				
	文明生产	7	穿戴好劳保用品		3				
		8	工卡量具摆放整齐		3				
		9	损伤工件、打刀		5				
内容		序号	技术要求		配分	评分标准	检测结果	扣分	得分
尺寸检测		1	$\varnothing 68-0.05$		16	超0.01扣1分			
		2	$5+0.10$		16	超0.01扣1分			
		3	$8+0.10$		13	超0.01扣1分			
		4	表面粗糙度$R_a3.2$		10				
		5	锐边倒钝、无毛刺		8				
尺寸检测总计				基本检查总计			成绩		
记事			检测评分人签名：						
			课时（时数）		120		工时（分钟）		300

（1）工件的检验依据评分标准进行相关项目的检测。

（2）质量分析。五角星连接处要保质光滑。

（3）加工过程中容易出现问题以及解决办法。五角星形状不规则，检查圆弧切点计算是否准确；五角星连接处表面不光滑，可采用顺铣提高表面质量。

项目总结

本项目介绍了常用的零件的加工工艺、编程及加工方法，在加工工件时，要注意以下几点：

（1）使用杠杆百分表找正中心时，磁性表座应吸在主轴端面上。

（2）清根可以手动。

（3）圆弧切点计算的准确性（可借助CAD软件）。

（4）铣削加工后，加工面不得用锉刀或纱布修整。

（5）锐边倒钝，外观光滑无毛刺。

（6）铣削外形轮廓时，刀具应在工件外面下刀，注意避免刀具快速下刀时与工件发生碰撞。

项目训练

项目练习图如图10-3所示。

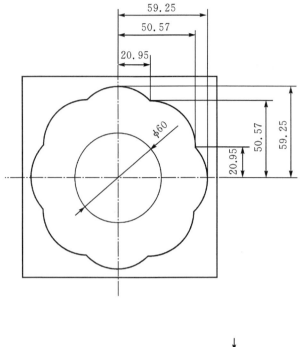

图10-3　项目练习图

思考与练习

（1）总结提出容易出现的问题，及预防措施，并写出实训报告。

（2）知识拓展。

如果要用平口钳来装夹该零件，如何夹紧工件？需要加哪些附件来完成装夹？

项目十一

缸盖的加工

项目导入

　　该项目主要介绍如何综合地对数控铣削加工编程指令进行使用及用CAD软件代替人工计算确定点坐标的方法，最后通过了解加工工艺过程的分析和确定方法，合理地制订出加工工艺路线。如图11-1所示项目三维造型图。

　　通过该项目主要完成以下课题功能：

　　（1）综合地训练对工件的数铣加工编程能力。

　　（2）进一步熟悉和掌握各种加工编程。

图11-1　三维造型图

项目指定

一、项目内容

　　本项目要求加工如图11-1所示的缸盖，首先读图、识图，编制该零件的加工工艺，编制完成零件的加工程序，加工完成后进行质量检验和质量分析，并写出总结。

二、重点与难点

　　（1）三爪卡盘在数控铣床上综合应用。

　　（2）编制零件的加工工工艺。

　　（3）合理的选择加工刀具。

　　（4）采用定制刀具对孔尺寸的控制。

　　（5）编程技巧的使用。

三、相关知识与技能要点

（1）零件加工工艺的合理安排。

（2）数控指令综合应用。

项目计划

一、项目任务分析

1. 项目特点

本项目为缸盖的加工，熟练代码的综合应用，掌握中等复杂内零件在数控铣床上的加工制造，工艺的编制、刀具的选用、切削用量的合理选择等。同时三爪卡盘作为夹具在数控铣床上的使用方法。

2. 项目中的关键工作

本项目的关键工作为多型板加工的工艺的合理安排。刀具的合理应用。

3. 完成时间

此工件的加工时间为：300分钟/人。

二、分工与进度计划

1. 成员分组

每组5人，根据学生的总人数酌情分为4～6个小组，并由教师指定或由学生自己选出小组长一名，学习过程中由小组长组织学生进行讨论和资料的收集及整理。学生分组时注意学生的搭配，特别应该注意由于每个学生的学习能力有强有弱，每个小组的学生配备应该均衡、优生差生相结合，这样才能取得较好的学习效果。

2. 编写项目计划

项目计划见表11-1。

表11-1　项目计划

任务	内容	时间/h	人员	备注
任务一	图纸分析	2	每组人员	
任务二	工艺分析及工艺编制	2	每组人员	
任务三	程序编制	2	每组人员	小组所有人员进行讨论、查阅相关资料
任务四	零件加工	3	每组人员	
任务五	零件检验及质量分析并写出质量总结报告	2	每组人员	

项目准备

一、资源要求

（1）设备：数控铣床一台型号为GSK-990MA、每组学生配备一台设备。

（2）数控刀排及刀套若干。

（3）通用量具及工具若干。

（4）原材料的准备。本项目使用材料为45#钢，材料尺寸为：$\varnothing 120 \times 20$，学生人均一件。材料需经过车工前期加工，并磨两大端面。

二、相关资料

《金属切屑手册》、《铣工工艺与技能训练》、《数控铣床的编程及操作》等。

三、项目知识准备

（1）认真分析零件图纸，确定装夹方式及基准的选择。

（2）注意刀具的选则特点和切削用量的选择。

（3）根据零件的技术要求和结构特点，拟定零件的加工工艺、各个面的粗精加工和加工顺序。

（4）拟定零件的检测方法，保证加工精度。

项目实施

项目零件图如图11-2所示。

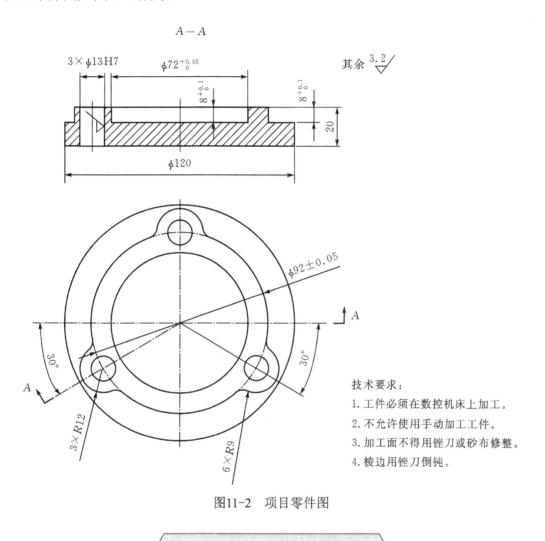

图11-2 项目零件图

一、图纸分析及技术要求

（1）看懂图纸，要求学生能够画出此零件的轴测图或者三维图。

（2）该项目要求学生在数控铣床上加工出该零件，保证零件图所要求的各项尺寸精度。

（3）零件图上的毛坯料在加工前需要车工配合，使圆棒料的外圆见光，粗糙度要求在3.2。其次两个端面要平行且与轴线的垂直度要好（0.03之内），才能保证铣加工过程中零件尺寸精度的保证。

（4）从图11-2上看，$\phi 72$的内孔、$3 \times \varnothing 13$的通孔得精度较高。$\phi 72$的内孔采用粗精铣的办法来控制尺寸，$3 \times \varnothing 13$的通孔的孔表面粗糙度值为1.6。采用钻、铰的方法加工。

（5）缸盖外轮廓的尺寸精度能够较好的控制，同样使用粗精加工的办法，保证其在公差范围之内。

（6）按照技术要求，提高生产效率，该零件的残料加工也必须在数控铣床上完成，要求学生能够分析出剩余残料的位置，用程序清除多余残料，不能用手动清除残料。

（7）能够正确使用工卡量具检测工件。

二、工艺分析及工艺编制

（一）工艺分析

该零件包含了外形轮廓、$\varnothing 72$ 的内孔、$3 \times \varnothing 13$ 的通孔的加工，有较高的尺寸精度和垂直度、对称度等形位精度要求。编程前必须详细分析图纸中各部分的加工方法及走刀路线，选择合理的装夹方案和加工刀具，保证零件的加工精度要求。

缸盖外形轮廓 $\varnothing 120$ 及内孔 $\varnothing 72$，直接通过调整刀补来达到公差要求；$3 \times \varnothing 13$ 孔尺寸精度和表面质量要求较高，并对C面有较高的垂直度要求，需要铰削加工，并注意以C面为定位基准；初步加工方案如下：

（1）外轮廓的粗、精铣削，批量生产时，粗精加工刀具要分开，粗加工单边留0.2 mm余量。

（2）加工 $\varnothing 72$ 的内孔。

（3）加工 $3 \times \varnothing 13$ 的通孔。

（二）工件的定位与夹紧

选用三爪自定心卡盘装夹定位，工件上表面高出三爪自定心卡盘端面8 mm左右。注意安装时清理平口钳底部。

（三）编程原点的确定（工件坐标系的建立）

考虑到圆形槽的对称度要求，以 $\varnothing 120$ 毛坯中心做为编程原点，建立工件坐标系。

（四）加工方案及工艺路线的确定

①加工方案。

采用先粗加工后精加工的加工方案。

②工艺路线。

粗铣缸盖外轮廓，给精加工留0.2~0.3的余量。

粗铣 $\varnothing 72$ 的内孔，给精加工留0.2~0.3余量。

钻3×⌀13的通孔，给绞孔留0.2余量。

⌀120外圆残料的清除。

⌀72内孔残料的清除。

精铣缸盖外轮廓，到尺寸公差范围内。

精铣⌀72的内孔，到尺寸公差范围内。

绞3×⌀13的通孔，到尺寸公差范围内。

（五）工艺参数的确定

①刀具的选择。

轮廓加工选用⌀10的键槽铣刀，⌀20立铣刀、⌀13铰刀，钻孔选⌀12.8的钻头。

②主轴转速确定。

600 r/min（用倍率开关适当调节）。

③进给速度的确定。

F100 mm/min（用倍率开关适当调节）。

（六）相关的数值计算

相关坐标点的计算可使用CAD绘图来解决。

（七）数控加工工序卡

加工工序见表11-2。

表11-2　数控加工工序卡

单 位	数控加工工序卡片		产品名称	零件名称	材 料	零件图号
			缸盖的加工		45#	
工序号	程序编号	夹具名称	夹具编号	设备名称	编制	审核
				FANUC		
工步号	工步内容	刀具号	刀具规格	主轴转速/（r/min）	进给速度/（mm/min）	背吃刀量/mm
1	去除轮廓边角料	T01	⌀20 mm 立铣刀	400	80	
2	粗铣外轮廓	T01	⌀20 mm 立铣刀	500	100	
3	粗铣⌀72内孔	T02	⌀10 mm 键槽铣刀	700	80	

工步号	工步内容	刀具号	刀具规格	主轴转速/（r/min）	进给速度/（mm/min）	背吃刀量/mm
4	钻3×∅13通孔	T03	∅12.8 mm 麻花钻	600	60	
5	去除∅72内孔残料	T01	∅10 mm 键槽铣刀	800	60	
6	精铣外轮廓	T02	∅10 mm 键槽铣刀	800	60	
7	精铣∅72内孔	T02	∅10 mm 键槽铣刀	800	60	
8	绞3×∅13通孔	T02	∅13H7 绞刀	800	60	

（八）工、量、刀具清单

工、量、刀具清单见表11-3。

表11-3　工、量、刀具清单

零件名称		缸盖		零件图号		K11
项目	序号	名称	规格	精度	单位	数量
量具	1	深度游标卡尺	0～200	0.02	把	1
	2	粗糙度样块	N0～N1	12级	副	1
	3	游标卡尺	0～150	0.02	把	1
	4	塞规	∅13H7		个	1
	5	外径千分尺	75～100	0.01	把	1
	6	R规	R12 R9		套	1
	7	内径千分尺	50～75	0.01	把	1
刀具	8	立铣刀	∅10		个	1
	9	细板锉	10′		个	1
	10	中心钻	A2		个	1
	11	麻花钻	∅12.8		个	1
	12	绞刀	∅13H7		个	1

项目	序号	名称	规格	精度	单位	数量
工具	13	磁力百分表座	0~0.8		个	1
	14	铜棒			个	1
	15	平行垫铁			副	若干
	16	三爪卡盘	⌀130		个	1
	17	活扳手	12′		把	1
机床	18	西门子802S				

三、程序编制

程序名：LY12（SIENENS802S系统）。

N001	G90　G54　S300　M03；	程序初始化
N002	G01　Z5　F2000；	刀具定位到安全平面
N003	X0　Y0；	
N004	G42　X0　Y58；	建立刀补
N005	Z0.5　F500；	
N006	Z-8　F100；	
N007	L1　P3；	
N008	Z5　F2000；	
N009	G40　X0　Y0；	
N010	G158；	
N011	L2；	
N012	M5；	
N013	T2；	
N014	L3　P3；	
N015	G158；	
N016	M02；	

L1

N001　G03　X-11.48　Y48.91　CR=12；

N002　G02　X-15.38　Y43.6　CR＝9；

N003　G03　X-45.51　Y-9.08　CR＝46；

N004　G02　X-48.18　Y-14.37　CR＝9；

N005　G03　X-50.23　Y-29　CR＝12；

N006　G259　RPL＝120；

N007　M30；

L2

N001　G42　X36；

N002　Z0.5　F500；

N003　Z-8　F100；

N004　G02　I-36；

N005　G01　Z5　F2000；

N006　G40　X0　Y0；

N007　M30；

L3

N001　X0　Y46；

N002　Z0.5　F500；

N003　Z-20　F100；

N004　Z5　F2000；

N005　G259　RPL＝120；

N006　M30；

四、零件加工

（一）加工前准备

（1）安装三爪自定心卡盘及机床垫铁，保证垫铁上表面和机床工作台的平行度。

（2）检查机床润滑油，如果不够，请及时加注润滑油的规定标线。

（3）安装刀具到机床主轴，填写刀具补偿参数，注意刀具切勿伸出刀套太长，以免影响刀具强度。

（4）用压板或者螺钉把平口钳固定在机床工作台面上，校正平口钳的固定钳口和机床工作台平行度误差在0.02之内，装夹工件，敲平垫铁，要求完成后，垫铁不得随意晃动，并且高于8 mm。

（5）装夹并校正工件用百分表找工件的上表面，误差控制在0.02之内。输入加工程序，并做好程序的校验工作，确保加工前，程序必须做到准确无误。

（6）建立好工件坐标系到规定位置（圆的中心），使用寻边器多次分中工件的X方向，并以此点为工件坐标系的原点，完成零点偏移。

（7）输入程序，首件试切，测量工件尺寸，调整参数，使得工件尺寸符合图样要求。

（8）进入自动加工状态进行零件加工。

（9）加工零件。

（10）拆卸工件，修净毛刺，清理工件，使得工件处于洁净状态。

（11）做到安全文明生产，打扫场地卫生，交还工具。

（二）重点、难点注意

（1）零点偏移必须要做到精确，否则会影响到加工后的内孔$\varnothing 72$、$\varnothing 92$外圆和毛坯$\varnothing 120$外圆的同轴度。

（2）注意尺寸公差的调整，保证在要求范围之内。

（3）注意刀具的长度补偿，和半径补偿。

（4）正确使用Master CAM软件，规划好刀具路径，注意切入切出的设置及粗精加工的选择和设置。

五、零件质量检验及质量分析

（1）工件的检验依据评分标准进行相关项目的检测如表11-4所示。

表11-4　零件质量检验及质量分析

班级		姓名		零件称	缸盖	零件图号	K11	
内容	序号	检测项目		配分	评分标准	检测结果	扣分	得分
基本检验	编程	1	工艺制定正确	5				
		2	切削用量选择正确	5				
		3	程序正确、简单明确规范	5				
	操作	4	设备操作、维护保养正确	3				
		5	刀具选择、安装正确、规范	4				
		6	工件找正、安装正确、规范	4				

内容		序号	检测项目	配分	评分标准	检测结果	扣分	得分
基本检验	文明生产	7	穿戴好劳保用品	3				
		8	工卡量具摆放整齐	3				
		9	打扫机床场地卫生	3				
		10	不发生人身设备事故	5				
		11	损伤工件、打刀	5				

内容		序号	技术要求	配分	评分标准	检测结果	扣分	得分
尺寸检测		1	$8_0^{+0.1}$	10	超0.01扣1分			
		2	$\varnothing 72_0^{+0.05}$	10	超0.01扣1分			
		3	$3\times R12$	6				
		4	$6\times R9$	6				
		5	$\varnothing 92\pm 0.05$	10	超0.01扣1分			
		6	表面粗糙度$R_a 3.2$	3				
		7	锐边倒钝无毛刺	3				
		8	$3\times \varnothing 13_0^{+0.05}$	10	超0.01扣1分			

尺寸检测总计			基本检查总计		成绩	

记事 检测评分人签名	

（2）质量分析。

①$\varnothing 120$外圆和$\varnothing 72_0^{+0.05}$内孔的同轴度必须控制在0.03之内；

②$\varnothing 120$外圆的尺寸必须要保证；

③$\varnothing 13$内孔必须用H7的塞规检验。

（3）加工过程中容易出现问题以及解决办法。

①工件垂直度达不到要求，检查工件底面和垫铁间是否有铁屑和杂物。

②对称度达不到要求，对刀时分中是否准确。

③尺寸公差超差，检查程序的正确性，检查刀具半径补偿值，检查粗精铣过程中的留量是否满足要求。

④损伤工件、打刀。

项目总结

本项目介绍了常用的零件的加工工艺、编程及加工方法，在加工工件时，要注意以下几点：

（1）使用杠杆百分表找正中心时，磁性表座应吸在主轴端面上。

（2）清根可以手动。

（3）圆弧切点计算的准确性（可借助CAD软件）。

（4）铣削加工时防止过切。

（5）铣削加工后，加工面不得用锉刀或纱布修整。

（6）锐边倒钝，外观光滑无毛刺。

项目训练

完成如图11-3所示零件加工。

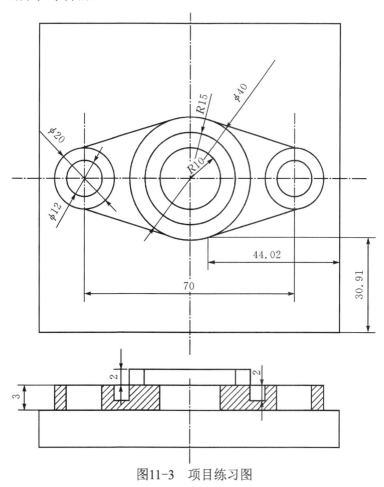

图11-3　项目练习图

思考与练习

（1）总结容易出现的问题及预防措施，并写出实训报告。

（2）知识拓展：零件材料发生变化，如何选择切削用量？

项目十二

块

项目导入

　　该项目是数控铣床/加工中心实训的综合课题，通过对综合零件块的编程与加工练习，进一步提高学生分析问题和解决问题的能力，巩固中级数铣已学的知识和技能，掌握一定难度工件的编程与加工技能，提高解决操作技术难题的综合能力。强化数控铣削加工工艺方面的知识和训练，使学生逐步形成职业能力。如图12-1所示三维造型图。

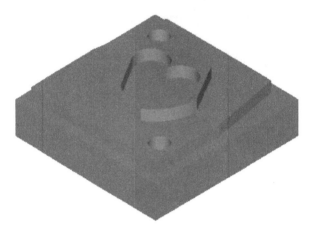

图12-1　项目三维造型图

项目指定

一、项目内容

　　本项目要求加工如图12-1所示的综合实例块，首先读图、识图、编制该零件的加工工艺，编制完成零件的加工程序，加工完成后进行质量检验和质量分析，并写出总结。

二、重点与难点

　　（1）数控编程指令的综合应用。

　　（2）编制零件的加工工艺。

　　（3）合理的选择加工刀具。

　　（4）采用定制刀具对孔尺寸的控制。

　　（5）编程技巧的运用。

（1）零件加工工艺的合理安排。

（2）数控编程指令综合应用。

项目计划

一、项目任务分析

1. 项目特点

本项目为综合实例块的加工，熟练代码的综合应用，掌握中等复杂类零件在数控铣床上的加工制造，工艺的编制、刀具的选用、切削用量的合理选择等。

2. 项目中的关键工作

本项目的关键工作为综合实例块加工工艺的合理安排，及刀具的合理应用。

3. 完成时间

此工件的加工时间为：360分钟/人。

二、分工与进度计划

1. 成员分组

每组5人，根据学生的总人数酌情分为4～6个小组，并由教师指定或由学生自己选出小组长一名，学习过程中由小组长组织学生进行讨论和资料的收集及整理。学生分组时注意学生的搭配，特别应该注意由于每个学生的学习能力有强有弱，每个小组的学生配备应该均衡、优生差生相结合，这样才能取得较好的学习效果。

2. 编写项目计划

项目计划如表12-1所示。

表12-1 项目计划

任务	内容	时间/h	人员	备注
任务一	图纸分析	2	每组人员	
任务二	工艺分析及工艺编制	2	每组人员	小组所有人员进行讨论、查阅相关资料
任务三	程序编制	2	每组人员	
任务四	零件加工	3	每组人员	
任务五	零件检验及质量分析	2	每组人员	

项目准备

一、资源要求

（1）设备：数控铣床一台型号为GSK-990MA、每组学生配备一台设备。

（2）数控刀排及刀套若干。

（3）通用量具及工具若干。

（4）原材料的准备。本项目使用材料为HT200，材料毛坯尺寸为：75×75×30，学生人均一件。材料需经过铣工前期加工。

二、相关资料

《金属切屑手册》、《铣工工艺学》、《数控铣床的编程及操作》等。

三、项目知识准备

（1）认真分析零件图纸，确定装夹方式及基准的选择。

（2）注意刀具的选择特点和切削用量的选用。

（3）根据零件的技术要求和结构特点，拟定零件的加工工艺、各个面的粗精加工和加工顺序。

（4）拟定零件的检测方法，保证加工精度。

项目实施

项目零件图如图12-2所示。

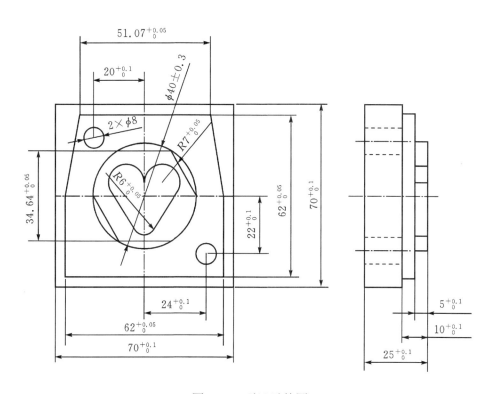

图12-2 项目零件图

一、图纸分析及技术要求

（1）看懂图纸，要求学生能够画出此零件的轴测图或者三维图。

（2）项目要求学生必须在数控铣床上加工出该零件，保证零件图所要求的各项尺寸精度。

（3）零件图上的毛坯料在加工前需要先在普铣上加工，使尺寸保证在70×70×25，粗糙度要求在6.3，其次正方体工件的平行度和垂直度要好（0.03之内），这样才能保证铣削加工过程中零件尺寸的精度。

（4）从图12-2上看，外圆凸台、不规则多边行、圆内接正六边形的四条边、心形凹槽的轮廓精度都较高，采用粗精铣的办法来控制尺寸，加工时保证$\varnothing 40_0^{+0.05}$ mm、$34.64_0^{+0.05}$ mm、$51.07_0^{+0.05}$ mm 、$62_0^{+0.05}$ mm 、$R6_0^{+0.05}$ mm、$R7_0^{+0.05}$ mm的精度在公差范围之内。$\varnothing 8$的孔采用钻孔的方法加工，注意两个$\varnothing 8$的孔的形位公差尺寸，要保证$24_0^{+0.1}$ mm、$22_0^{+0.1}$ mm、$20_0^{+0.1}$ mm多处尺寸。

（5）按照技术要求，提高生产效率，该零件的残料加工也必须在数控铣床上完成，要求学生能够分析出剩余残料的位置，用程序清除多余残料，不能用手动清除残料。

（6）能够正确使用工卡量具检测工件。

二、工艺分析及工艺编制

该零件的加工部位主要有圆形凸台、不规则多边行的外轮廓、圆内接正六边形的四条边、心形凹槽和孔的加工，有较高的尺寸精度和垂直度、对称度等形位精度要求。编程前必须详细分析图纸中各部分的加工方法及走刀路线，选择合理的装夹方案和加工刀具，保证零件的加工精度要求。

（一）加工工艺分析

（1）工件的定位与夹紧。

工件毛坯是六面体形状，采用机用平口钳装夹。

（2）编程原点的确定（工件坐标系的建立）。

以70×70工件中心做为编程原点，建立工件坐标系。

（3）加工方案及工艺路线的确定。

①加工方案。

采用先粗加工后精加工的加工方案。

②工艺路线。

由于该零件形状复杂，加工时选用两把刀具完成铣削加工。根据零件的具体要求和切削加工进给路线的确定原则，该综合零件的加工顺序和进给路线确定如下：

粗铣∅40外圆，留精加工余量0.2～0.3。

粗铣∅40外圆的内接正六边形的四条边，留精加工余量0.2～0.3。

残料的加工。

粗铣心形的凹槽，留精加工余量0.2～0.3。

残料的加工。

粗铣不规则多边行的外轮廓，留精加工余量0.2～0.3。

残料的加工。

钻∅8的通孔。

精铣∅40外圆，到尺寸公差范围内。

粗铣∅40外圆的内接正六边形的四条边，到尺寸公差范围内。

粗铣心形的凹槽，到尺寸公差范围内。

粗铣不规则多边行的外轮廓，到尺寸公差范围内。

（二）工艺参数的确定

①刀具的选择。

轮廓加工选用⌀16、⌀10、⌀16、立铣刀，⌀3中心钻刀具，钻孔选用⌀8钻头。

②主轴转速确定。

600 r/min（粗、精加工时使用倍率开关适当调节）。

③进给速度的确定。

F100 mm/min（粗、精加工时使用倍率开关适当调节）。

（三）相关的基点坐标

①本例心形凹槽轮廓基点坐标分析，使用CAD绘图查点得出的各基点坐标如图12-3所示。

1点坐标：（X0　Y5）

2点坐标：（X-12.9822　Y1.3650）

3点坐标：（X-4.2730　Y-12.9679）

4点坐标：（X-4.2730　Y-12.9679）

5点坐标：（X12.9822　Y1.3650）

②本例不规则多边行外轮廓基点坐标分析，使用CAD绘图查点得出的各基点坐标如图12-4所示。

6点坐标：（X20　Y0）

7点坐标：（X10　Y17.3205）

8点坐标：（X-10　Y17.320）

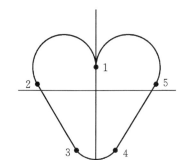

图12-3　心形凹槽轮廓基点

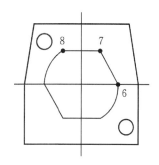

图12-4　不规则多边行外轮廓基点

（四）数控加工工序卡片

数控加工工序卡片主要用于反映使用的辅具、刀具规格、切削用量参数、加工工步等内容，它是操作人员结合数控程序进行数控加工的主要指导性工艺资料。工序卡应按已确定的工步顺序填写。数控加工工序卡片格式见表12-2。

表12-2　数控加工工序卡

单位	数控加工工序卡片		产品名称	零件名称	材　料	图　号
				块		
工序号	程序编号	夹具名称	夹具编号	设备名称	编制	审核
				FANUC		
工步号	工步内容	刀具号	刀具规格	主轴转速/（r/min）	进给速度/（mm/min）	背吃刀量/mm
1	去除轮廓边角料	T01	∅16 mm键槽铣刀	500	80	
2	粗铣外轮廓	T01	∅16 mm键槽铣刀	500	100	
3	精铣外轮廓	T01	∅16 mm键槽铣刀	700	80	
4	钻中心孔	T02	∅3 mm中心钻	2000	80	
5	钻2-∅8孔	T03	∅8 mm麻花钻	600	80	
6	粗铣不规则多边行的外轮廓	T05	∅16 mm键槽铣刀	500	100	
7	半精铣不规则多边行的外轮廓	T05	∅16 mm键槽铣刀	500	80	
8	精铣不规则多边行的外轮廓	T05	∅16 mm键槽铣刀	700	60	
9	粗铣心形的凹槽轮廓	T06	∅10 mm键槽铣刀	600	80	
10	半精铣心形的凹槽轮廓	T06	∅10 mm键槽铣刀	600	80	
11	精铣心形的凹槽轮廓	T06	∅10 mm键槽铣刀	800	60	

(五) 选择合适的工具、量具、刀具

工具、量具、刀具见表12-3。

表12-3 工具、量具、刀具清单

零件名称		块	零件图号			K12	
项目	序号	名称	规格	精度	单位	数量	
量具	1	深度游标卡尺	0～200	0.02	把	1	
	2	粗糙度样块	N0～N1	12级	副	1	
	3	游标卡尺	0～150	0.02	把	1	
	4	外径千分尺	25～50	0.01	把	1	
	5	R规			套	1	
刀具	6	键槽铣刀	∅16、∅10		个	各1	
	7	细板锉	10'		个	1	
	8	中心钻	A3		个	1	
	9	麻花钻	∅8		个	1	
工具	12	磁力百分表座	0～0.8		个	1	
	13	铜棒			个	1	
	14	平行垫铁			副	若干	
	15	机用虎钳	QH160		个	1	
	16	活扳手	12'		把	1	
机床系统	17	GSK990MA					

三、程序编制

(一) 编制加工程序

本例工件数控铣加工程序见表12-4。

表12-4　参考程序

程序序号	加工程序	程序说明
N10	O0010	主程序名
N20	G90 G54 M03 S600；	程序开始
N30	G01 Z5 F2000；	
N40	X0 Y0；	
N50	M98 P01 L2；	外轮廓子程序
N60	M98 P03 L1；	孔加工程序
N70	M98 P04 L1；	心形凹槽程序
N80	M98 P05 L2；	
N90	G69；	注销坐标旋转
N100	M30；	主程序结束
程序序号	加工程序	程序说明
N10	O0001	外轮廓子程序
N20	X0 Y0；	加工内容
N30	G42 X31 Y0 D1；	
N40	M98 P02 L1；	
N50	X25.53 Y31 F100；	
N60	X−25.53；	加工内容
N70	X−31 Y0；	
N80	Y−31；	
N90	X31；	
N100	Y0；	
N110	Z5 F2000；	
N120	G40 X0Y0；	
N130	M99；	子程序结束

续表

程序序号	加工程序	程序说明
N10	O0002	子程序
N20	G91 Z-5 F10；	
N30	G90；	
N40	M99；	子程序结束

程序序号	加工程序	程序说明
N10	O0003	孔加工程序
N20	G98 G83 X24 Y-22 Z-25 R2 Q3 F60；	用固定循环指令
N30	X-20 Y22；	
N40	G80；	注销固定循环指令
N50	M99；	子程序结束

程序序号	加工程序	程序说明
N10	O0004	心形凹槽子程序
N20	X0 Y0；	
N30	G41 X0 Y5 D2；	加工内容
N40	Z-5 F10；	
N50	G03 X-12.982 Y1.365 R7 F100；	
N60	G01 X-4.2730 Y-12.968；	
N70	G03 X4.273 Y-12.968 R6；	
N80	G01 X12.982 Y1.365；	
N90	G03 X0 Y5 R7；	
N100	G01 Z5 F2000；	
N110	G40 X0 Y0；	
N120	M99；	子程序结束

续表

程序序号	加工程序	程序说明
N10	O0005	不规则多边行外轮廓
N20	X40 Y0;	加工内容
N30	G42 X20 Y0 D3;	
N40	Z−5 F10;	
N50	G91 G68 X0 Y0 R60 F100;	
N60	M98 P06 L2;	
N70	Z5 F2000;	
N80	G40 X40 Y0;	
N90	G90;	用绝对坐标指令
N100	G68 X0 Y0 R180;	用坐标旋转指令
N110	M99;	子程序结束

程序序号	加工程序	程序说明
N10	O0006	不规则多边行外轮廓
N20	G91 G68 X0 Y0 R60 F100;	用增量坐标
N30	G90 X20 Y0	
N40	M99	子程序结束

（二）程序说明

（1）本程序使用GSK990MA系统编写。

（2）分别采用∅20、∅16、∅10键槽铣刀先对内外轮廓粗加工，然后再用同一把刀具对内外轮廓精加工。

（3）刀具半径补偿值粗加工DO1、DO2、D03分别输入10.2 mm、8.2 mm、5.2 mm，精加工DO1、DO2、D03分别输入9.9 mm、7.9 mm、4.9 mm。

四、零件加工

（一）机床准备

（1）平口钳。

（2）垫铁上表面和机床工作台的平行度。

（3）机床润滑油，如果不够，请及时加注润滑油的规定标线。

（4）刀具到机床主轴，填写刀具补偿参数，注意刀具切勿伸出刀套太长，以免影响刀具强度。

（5）建立件坐标系到规定位置。

（二）加工零件

（1）用平口钳装夹工件。安装平口钳，校正活动钳口与X轴方向的误差在0.03 mm以内。在平口钳上放置专用垫铁，使专用垫铁的上表面和机床工作台的误差在0.02之内。装夹工件敲平垫铁，工件上平面要高出钳口10 mm以上，装夹时垫铁与工件之间不能有任何间隙，要求完成后，垫铁不得随意晃动，对刀以70×70的对称中心点为工件坐标系的原点，完成零点偏移，输入加工程序，并做好程序的校验工作，确保加工前，程序必须做到准确无误。

（2）首件试切，测量工件尺寸，调整参数，使得工件尺寸符合图样要求。

（3）进入自动加工状态进行零件加工。

（4）拆卸工件，修净毛刺，清理工件，使得工件处于洁净状态。

（5）做到安全文明生产，打扫场地卫生，交还工具。

（三）重点、难点注意

（1）零点偏移必须要做到精确，否则会影响到加工后的形位公差。

（2）铣削外形轮廓时，刀具应在工件外面下刀，注意避免刀具快速下刀时与工件发生碰撞。

（3）精铣时刀具应切向切入和切出工件，在进行刀具半径补偿时，切入和切出圆弧半径应大于刀具半径补偿设定值。

（4）铣削心形凹槽$R7$、$R6$内圆弧时，注意调低刀具进给率。

（5）零件的测量要准确。

五、零件质量检验及质量分析

（一）工件的检验依据评分标准进行相关项目的检测

零件质量检验及质量分析如表12-5所示。

表12-5　质量检验及质量分析

项目与配分		序号	技术要求	配分	评分标准	检测记录	得分
工件加工评分（80%）	外形轮廓与孔（76）	1	$62_0^{+0.05}$ mm	6	超差0.02 mm扣1分		
		2	$62_0^{+0.05}$ mm	6	超差0.02 mm扣1分		
		3	$51.07_0^{+0.05}$ mm	5	超差0.02 mm扣1分		
		4	$20_0^{+0.1}$ mm	7	出错全扣		
		5	$34.64_0^{+0.05}$ mm（两处）	8	超差0.02 mm扣1分		
		6	$22_0^{+0.1}$ mm	7	出错全扣		
		7	$24_0^{+0.1}$ mm	7	出错全扣		
工件加工评分（80%）	外形轮廓与孔（76）	8	$2 \times \varnothing 8$ mm	6	出错全扣		
		9	$\varnothing 40_0^{+0.05}$ mm	5	超差0.02 mm扣1分		
		10	$R7_0^{+0.05}$ mm（两处）	8	每错一处扣2分		
		11	$R6_0^{+0.05}$ mm	4	出错全扣		
		12	深$5_0^{+0.1}$ mm	3	出错全扣		
		13	深$10_0^{+0.1}$ mm	3	出错全扣		
		14	深$25_0^{+0.1}$ mm	3	出错全扣		
	其他（4）	15	工件按时完成	/	不超时		
		16	工件无缺陷	4	缺陷一处扣2分		
程序与工艺（10%）		17	程序正确合理	5	每错一处扣2分		
		18	加工工序卡	5	不合理每处扣2分		

续表

项目与配分	序号	技术要求	配分	评分标准	检测记录	得分
机床操作（10%）	19	机床操作规范	5	出错一处扣2分		
	20	工件、刀具装夹	5	出错一处扣2分		
安全文明生产（倒扣分）	21	安全装夹		出现安全事故停止操作或酌扣5～30分		
	22	机床整理				

（二）质量分析

（1）综合实例块的外形轮廓尺寸精度要使用外径千分尺进行检测。

（2）心形凹槽的圆弧精度可用塞规检测。

（3）$2 \times \phi 8$ 的内孔加工时为了保证尺寸精度可钻中心孔后再加工。

（4）清理残料时要注意保证已加工好的零件轮廓。

（三）加工过程中容易出现问题以及解决办法

（1）由于 $2 \times \phi 8$ 的孔是通孔，装夹工件时要考虑钻头钻通后底部要有一定空间，即钻头不能钻在垫铁上。解决办法是装夹工件时，放置垫铁与孔的位置错开。

（2）看清图样特别是内轮廓的加工，编写程序时预防刀补干涉。

（3）在心形凹槽铣削加工时，分清顺逆铣，采用顺铣，以提高尺寸精度和表面粗糙度。

（4）相关坐标点的计算（可借助CAD软件）。

（5）注意换刀时刀具长度的补偿。

（6）注意清理残料时，防止铣伤工件。

项目总结

一、项目总结评价

项目总结评价内容见表12-6。

表12-6　综合评价表

班级：＿＿＿＿＿ 小组：＿＿＿＿＿ 姓名：＿＿＿＿＿	指导教师：＿＿＿＿＿ 日　　期：＿＿＿＿＿

评价项目	评价标准	评价依据	评价方式			权重	得分小计
			学生自评 20%	小组自评 30%	教师评价 50%		
职业素养	1. 准守实训规章制度、劳动纪律 2. 按时按质完成工作任务 3. 积极主动完成工作任务，勤学好问 4. 人身安全与设备安全	1. 出勤 2. 工作态度 3. 劳动纪律 4. 团队协作精神				0.3	
专业能力	1. 数控编程方法 2. 正确合理选用工、量、刀具 3. 操作准确规范 4. 分析判断准确 5. 零件能保证质量	1. 操作的准确性和规范性 2. 工作页或项目技术总结完成情况 3. 专业技能任务完成情况				0.5	
创新能力	1. 在任务完成过程中能提出自己的有一定见解的方案 2. 在教学或生产管理上提出建议，具有创新性	1. 方案的可行性及意义 2. 建议的可行性				0.2	
总计							

二、实习总结报告

（1）自我总结在本次课题项目中出现的主要问题和难点及解决方法，如：

①零件轮廓外形为什么会铣伤？

②铣削过程刀补出现干涉的原因在哪里？

（2）指导教师总结本次课程的重点和学习训练过程中发现的普遍性问题、技术难点，总结实训中安全质量问题等。

项目训练

图12-5所示为一个综合类零件的加工，材料为HT200，试编写其数控加工程序，要求如下：

（1）确定加工工序卡。

（2）确定加工刀具卡。

（3）采用旋转、极坐标、固定循环等功能简化编程。

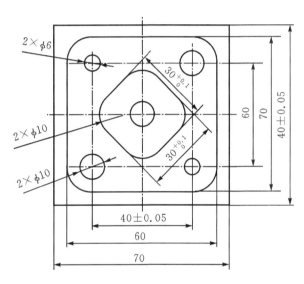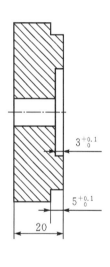

图12-5　项目练习图

思考与练习

（1）镗孔指令G87的功能是什么？

（2）简述刀具半径补偿的过程。

项目十三

多型板的加工

项目导入

该项目是数控铣床/加工中心中级工综合实训课题，通过对多型板零件的编程与加工练习，进一步提高学生分析问题和解决问题的能力，巩固中级数铣已学的知识和技能，掌握一定难度工件的编程与加工技能，提高解决操作技术难题的综合能力，强化数控铣削加工工艺方面的知识和训练，使学生逐步形成职业能力。如图13-1所示为项目实体图。

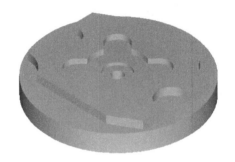

图13-1　项目实体图

项目指定

一、项目内容

本项目要求加工如图13-1所示的多型板零件，首先读图、识图、编制该零件的加工工艺，编制完成零件的加工程序，加工完成后进行质量检验和分析，并写出总结。

二、重点与难点

（1）三爪卡盘在数控铣床上综合应用。

（2）利用百分表和磁力表座找正工件坐标系的位置。

（3）编制零件的加工工艺。

（4）合理的选择加工刀具。

（5）采用定制刀具对孔尺寸的控制。

（6）编程技巧的使用。

三、相关知识与技能要点

（1）合理选择刀具和各个编程指令格式。

（2）零件加工工艺的合理安排。

（3）数控指令综合应用。

（4）零件精度分析。

项目计划

一、项目任务分析

1. 项目特点

本项目为多型板的加工，熟练代码的综合应用，掌握中等复杂类零件在数控铣床上的加工制造，工艺的编制、刀具的选用、切削用量的合理选择等。同时三爪卡盘作为夹具在数控铣床上的使用方法。

2. 项目中的关键工作

本项目的关键工作为多型板加工工艺的合理安排，刀具的合理应用。

3. 完成时间

此工件的加工时间为：480分钟/人。

二、分工与进度计划

1. 成员分组

每组5人，根据学生的总人数酌情分为4～6个小组，并由教师指定或由学生自己选出小组长一名，学习过程中由小组长组织学生进行讨论和资料的收集及整理。学生分组时注意学生的搭配，特别应该注意由于每个学生的学习能力有强有弱，每个小组的学生配备应该均衡、优生差生相结合，这样才能取得较好的学习效果。

2. 编写项目计划

项目计划见表13-1。

表13-1　项目计划

任务	内容	时间/h	人员	备注
任务一	图纸分析及技术要求	2	每组人员	
任务二	工艺分析及工艺编制	2	每组人员	
任务三	程序编制	2	每组人员	小组所有人员进行讨论、查阅相关资料
任务四	零件加工	3	每组人员	
任务五	零件质量检验及质量分析	2	每组人员	

项目准备

一、资源要求

（1）设备：数控铣床一台型号为GSK-990MA，每组学生配备一台设备。

（2）数控刀排及刀套若干。

（3）通用量具及工具若干。

二、原材料的准备

本项目使用材料为45#钢，材料毛坯尺寸为：$\varnothing125\times30$，学生人均一件。材料需经过车工前期加工。

加工刀具。根据零件的外形和加工要求，选择$\varnothing20$立铣刀，$\varnothing16$立铣刀，$\varnothing12$立铣刀，$\varnothing7.6$钻头，$\varnothing8H7$铰刀。

三、相关资料

《金属切屑手册》、《铣工工艺学》、《数控铣床的编程及操作》等。

四、项目知识准备

（1）认真分析零件图纸，确定装夹方式及基准的选择。

（2）注意刀具的选择特点和切削用量的选择。

（3）根据零件的技术要求和结构特点，拟定零件的加工工艺、各个面的粗精加工和加工顺序。

（4）拟定零件的检测方法，保证加工精度。

项目实施

项目零件图如图13-2所示。

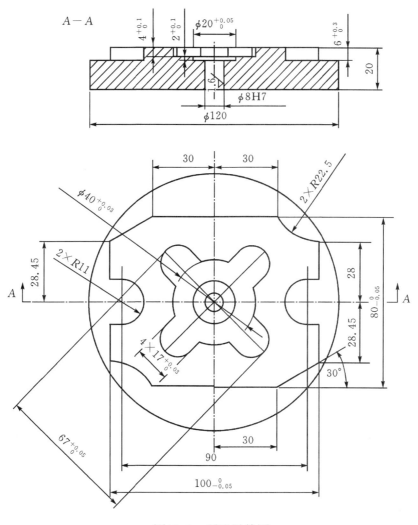

图13-2　项目零件图

一、图纸分析及技术要求

（1）看懂图纸，要求学生能够画出此零件的轴测图或者三维图。

（2）该项目要求学生在数控铣床上加工出该零件，保证零件图所要求的各项尺寸

精度。

（3）零件图上的毛坯料在加工前需要车工配合，使圆棒料的外圆见光，粗糙度要求在3.2，其次两个端面要平行且与轴线的垂直度误差在（0.03之内），这样才能保证数控铣床加工过程中零件尺寸的精度。

（4）从图13-2上看，三个孔的精度较高。$\varnothing 40_0^{+0.03}$的孔采用粗精铣的办法来控制尺寸，$\varnothing 20$的孔采用粗精铣的方法，$\varnothing 8H7$的孔表面粗糙度值为1.6。采用钻、铰的方法加工。其次注意两个腰型槽的槽长$67_0^{+0.06}$尺寸，及槽宽$4 \times 17_0^{+0.08}$ mm。

（5）外形轮廓同样采用粗精加工的办法，位置公差比较多，需要保证$100_{-0.05}^0$ mm、$80_{-0.05}^0$ mm、20 mm、30 mm、$2 \times R22.5$ mm、$2 \times R11$ mm 及30°角度。

（6）按照技术要求，提高生产效率，该零件的残料加工也必须在数控铣床上完成，要求学生能够分析出剩余残料的位置，用程序清除多余残料，不能用手动清除残料。

（7）能够正确使用工卡量具检测工件。

二、工艺分析及工艺编制

该零件的加工部位主要有外形轮廓、圆形槽、腰形槽和孔，有较高的尺寸精度和形位位置精度要求。编程前必须详细分析图纸中各部分的加工方法及走刀路线，选择合理的装夹方案和加工刀具，保证零件的加工精度要求。

（一）加工工艺分析

1. 工件的定位与夹紧

选用三爪自定心卡盘装夹定位。

2. 编程原点的确定（工件坐标系的建立）

以$\varnothing 125$毛坯中心做为编程原点，建立工件坐标系。

3. 加工方案及工艺路线的确定

①加工方案。

采用先粗加工后精加工的加工方案。

②工艺路线。

由于该零件形状复杂，必须使用多把刀具才能完成铣削加工。根据零件的具体要求和切削加工进给路线的确定原则，该多型板零件的加工顺序和工艺路线确定如下：

外轮廓残料的加工。

粗铣外轮廓尺寸，留精加工余量0.2～0.3 mm。

粗铣$\varnothing 40$的内孔，留精加工余量0.2～0.3 mm。

粗铣∅20台阶孔，留精加工余量0.2～0.3 mm。

粗铣4×17的4个腰行槽，留精加工余量0.2～0.3 mm。

∅40内孔残料的加工。

钻∅7.6的通孔，给铰孔留余量。

精铣外轮廓尺寸，到尺寸公差范围内。

精铣∅40的内孔，到尺寸公差范围内。

精铣∅20台阶孔，到尺寸公差范围内。

精铣4×17的4个腰行槽，到尺寸公差范围内。

铰∅8H7的通孔，到尺寸公差范围内。

（二）工艺参数的确定

①刀具的选择。

轮廓加工选用∅16、∅20的键槽铣刀。钻孔选用∅7.6钻头，铰孔选用∅8H7的铰刀。

②主轴转速确定。

600 r/min（粗、精加工时使用倍率开关适当调节）。

③进给速度的确定。

F100 mm/min（粗、精加工时使用倍率开关适当调节）

（三）相关的基点坐标

①本例外形轮廓基点坐标分析，使用CAD绘图查点得出的各基点坐标如图13-3所示。

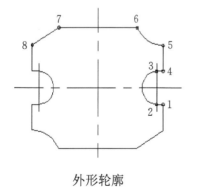

1：	X50	Y-11
2：	X45	Y-11
3：	X45	Y11
4：	X50	Y11
5：	X50	Y28
6：	X30	Y40
7：	X-30	Y40
8：	X-50	Y28

外形轮廓

图13-3　基点坐标

②本例腰形槽基点坐标分析，使用CAD绘图查点得出的各基点坐标如图13-4所示。

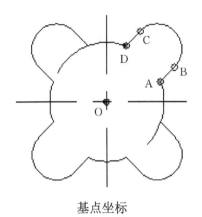

A: X18.8118　Y6.7910
B: X23.6881　Y11.6673
C: X11.6673　Y23.6881
D: X6.7910　Y18.8118

基点坐标

图13-4　腰形槽

（四）数控加工工序卡片

数控加工工序卡片（如表13-2所示）。主要用于反映使用的辅具、刀具规格、切削用量参数、加工工步等内容，它是操作人员结合数控程序进行数控加工的主要指导性工艺资料。工序卡应按已确定的工步顺序填写。

表13-2　数控加工工序卡

单 位	数控加工工序卡片		产品名称	零件名称	材 料	零件图号
工序号	程序编号	夹具名称	夹具编号	设备名称	编制	审核
				GSK990MA		
工步号	工步内容	刀具号	刀具规格	主轴转速/（r/min）	进给速度/（mm/min）	背吃刀量/mm
1	去除轮廓边角料	T01	⌀20 mm键槽铣刀	400	80	
2	粗铣外轮廓	T01	⌀20 mm键槽铣刀	500	100	
3	精铣外轮廓	T01	⌀20 mm键槽铣刀	700	80	
4	钻中心孔	T02	⌀3 mm中心钻	2000	80	
5	钻⌀8H7底孔和垂直进刀工艺孔	T03	⌀7.6 mm麻花钻	600	80	
6	铰⌀8H7孔	T04	⌀8 mm铰刀	200	50	
7	粗铣圆形槽	T05	⌀16 mm键槽铣刀	500	80	
8	半精铣圆形槽	T05	⌀16 mm键槽铣刀	500	80	

工步号	工步内容	刀具号	刀具规格	主轴转速 / (r/min)	进给速度 / (mm/min)	背吃刀量 /mm
9	精铣圆形槽	T05	∅16 mm键槽铣刀	750	60	
10	粗铣腰形槽	T05	∅16 mm键槽铣刀	500	80	
11	半精铣腰形槽	T05	∅16 mm键槽铣刀	500	80	
12	精铣腰形槽	T05	∅16 mm键槽铣刀	750	60	

（五）选择合适的工具、量具

工具、量具清单见表13-3。

表13-3　工、量具清单

零件名称		多型板		零件图号		K13	
项目	序号	名称	规格	精度	单位	数量	
量具	1	深度游标卡尺	0～200	0.02	把	1	
	2	粗糙度样块	N0～N1	12级	副	1	
	3	游标卡尺	0～150	0.02	把	1	
	4	塞规	∅8H7		个	1	
	5	外径千分尺	75～100	0.01	把	1	
	6	R规			套	1	
	7	内径千分尺	25～50	0.01	把	1	
	8	键槽样板	17H7		个	1	
	9	塞规	∅20H7		个	1	
工具	18	磁力百分表座	0～0.8		个	1	
	19	铜棒			个	1	
	20	平行垫铁			副	若干	
	21	三爪卡盘	∅130		个	1	
	22	活扳手	12'		把	1	
机床系统	23	GSK-990MA					

三、程序编制

（一）编制加工程序

本例工件加工程序如表13-4所示。

表13-4　参考程序

程序序号	加工程序	程序说明
	O1234	主程序名
N10	G90 G54 M03 S600；	程序初始化
N20	G01 Z5 F2000；	程序初始化
N30	X0 Y0；	
N40	G42 X50 Y11 D1；	使用刀具半径补偿，坐标定位
N50	Z-6 F10；	外轮廓加工程序
N60	Y28；	
N70	G02 X30 Y40 R22.5；	
N80	G01 X-30；	
N90	X-50 Y28.45；	
N100	Y11；	
N110	X-45；	
N130	G02 X-45 Y-11 R11；	
N140	G01 X-50；	
N150	Y-28；	
N160	G02 X-30 Y-40 R22.5；	
N170	G01 X30；	
N180	X50 Y-28.45	
N190	Y-11；	
N120	X45；	

续表

程序序号	加工程序	程序说明
N121	G02 X45 Y11 R11；	外轮廓加工程序
N122	G01 X50；	
N123	Z5 F2000；	
N124	G40 X0 Y0；	
N125	M98 P01 L1；	内孔加工程序
N126	M98 P03 L1；	内孔加工程序
N127	M98 P04 L1；	钻孔程序
N128	M98 P04 L1；	铰孔程序
N129	M30	主程序结束

程序序号	加工程序	程序说明
N10	O0001	内孔加工程序
N20	X0 Y0；	
N30	Z-4 F10；	
N40	G41 X20 Y0 D2 F100；	刀具半径补偿
N50	G03 X20 Y0 I-20；	
N60	G01 Z5 F2000；	
N70	G68 X0 Y0 R45；	
N80	M98 P02 L4；	
N90	G69；	
N100	M99；	子程序结束

程序序号	加工程序	程序说明
N10	O0002	腰形槽子程序
N20	G90 X0 Y0；	加工程序内容
N30	Z-4 F10；	

程序序号	加工程序	程序说明
N40	G41 X15 Y-8.5 D3 F100;	
N50	X25;	
N60	G03 X25 Y8.5 R8.5;	加工程序内容
N70	G01 X15;	
N80	G40 X0 Y0;	
N90	Z5 F2000;	
N100	G91 G68 X0 Y0 R90;	坐标旋转加工腰形槽
N110	G90;	
N120	M99;	子程序结束

程序序号	加工程序	程序说明
N10	O0003	内孔加工程序
N20	X0 Y0;	加工程序内容
N30	Z-6 F10;	
N40	G41 X10 Y0 D4 F100;	
N50	G03 X10 Y0 I-10;	加工程序内容
N60	G01 Z5 F2000;	
N70	G40 X0 Y0;	
N80	M99;	子程序结束

程序序号	加工程序	程序说明
N10	O0004	钻孔程序
N20	G98 G83 X0 Y0 Z-20 R2 Q3 F60;	
N30	G80;	取消固定循环指令
N40	M99;	子程序结束

续表

续表

程序序号	加工程序	程序说明
N10	O0005	铰孔程序
N20	G98 G85 X0 Y0 Z-20 R2 F60;	
N30	G80;	取消固定循环指令
N40	M99;	子程序结束

（二）程序说明

（1）本程序使用GSK990MA系统编写。

（2）分别采用∅20 mm、∅16 mm键槽铣刀先对内外轮廓粗加工，然后再用同一把刀具对内外轮廓精加工。

（3）使用刀具半径补偿值粗加工时DO1、DO2分别输入10.2 mm、8.2 mm，精加工时DO1、DO2分别输入9.9 mm、7.9 mm。

四、零件加工

（一）机床准备

（1）安装三爪卡盘及机床垫铁，保证垫铁上表面和机床工作台的平行度。

（2）检查机床润滑油，如果不够，请及时加注润滑油的规定标线。

（3）安装刀具到机床主轴，填写刀具补偿参数，注意刀具切勿伸出刀套太长，以免影响刀具强度。

（4）建立件坐标系到规定位置。

（二）加工零件

（1）安装三爪卡盘及装夹工件。

用压板和螺钉把三爪卡盘固定在机床工作台面上，在三爪卡盘上放置专用垫铁，使专用垫铁的上表面和机床工作台台面的误差在0.02之内。

装夹工件时要考虑∅8H7的孔，由于为通孔，钻孔时钻通后钻头要能够有一定的超越量空间，所以零件孔下方要与垫铁避开。装夹定位好后用百分表找正∅120外圆的圆心，误差控制在0.02之内，并以此点为工件坐标系的原点，完成零点偏移。

（2）输入加工程序，并做好程序的校验工作，确保加工前，程序必须做到准确无误。

（3）首件试切，测量工件尺寸，调整参数，使得工件尺寸符合图样要求。

（4）进入自动加工状态进行零件加工。

（5）拆卸工件，修净毛刺，清理工件，使得工件处于洁净状态。

（6）做到安全文明生产，打扫场地卫生，交还工具。

（三）重点、难点注意

（1）零点偏移必须要做到精确，否则会影响到加工后的内孔$\varnothing 8H7$、$\varnothing 20$、$\varnothing 40$的圆和毛坯$\varnothing 120$外圆的同轴度。

（2）铣削外形轮廓时，刀具应在工件外面下刀，注意避免刀具快速下刀时与工件发生碰撞。

（3）精铣时刀具应切向切入和切出工件。在进行刀具半径补偿时，切入和切出圆弧半径应大于刀具半径补偿设定值。

（4）铣削腰形槽的$R8.5$内圆弧时，注意调低刀具进给率。

（5）零件的测量要准确。

五、零件质量检验及质量分析

零件质量检验及分析如表13-5所示。

表13-5 多型板评分表

工作编号			总得分				
项目与配分		序号	技术要求	配分	评分标准	检测记录	得分
工件加工评分（80%）	外形轮廓与孔（76）	1	$100^{0}_{-0.05}$ mm	4	超差0.02 mm扣1分		
		2	$80^{0}_{-0.05}$ mm	4	超差0.02 mm扣1分		
		3	28.45 mm（两处）	6	超差0.02 mm扣1分		
		4	28 mm（两处）	6			
		5	$2\times R22.5$	5	出错全扣		
		6	$2\times R11$	5	出错全扣		
		7	位置尺寸30（两处）	4	出错全扣		
		8	斜角30°（两处）	4	出错全扣		

项目与配分		序号	技术要求	配分	评分标准	检测记录	得分
工件加工评分（80%）	外形轮廓与孔（76）	9	内孔∅$20^{+0.06}_{0}$ mm	5	超差0.02 mm扣1分		
		10	内孔∅$40^{+0.03}_{0}$ mm	5	超差0.02 mm扣1分		
		11	内孔∅8H7 mm	8			
		12	4×$17^{+0.08}_{0}$ mm	2			
		13	位置尺寸90	4			
		14	$67^{+0.06}_{0}$ mm	5			
		15	深$2^{+0.1}_{0}$ mm	3			
		16	深$4^{+0.1}_{0}$ mm	3			
		17	深$6^{+0.1}_{0}$ mm	3			
	其他（4）	18	工件按时完成	/	不超时		
		19	工件无缺陷	4	缺陷一处扣2分		
程序与工艺（10%）		20	程序正确合理	5	每错一处扣2分		
		21	加工工序卡	5	不合理每处扣2分		
机床操作（10%）		22	机床操作规范	5	出错一处扣2分		
		23	工件、刀具装夹	5	出错一处扣2分		
安全文明生产（倒扣分）		24	安全装夹	倒扣	出现安全事故停止操作或酌扣5~30分		
		25	机床整理	倒扣			

（一）质量分析

（1）∅$20^{+0.06}_{0}$ mm、∅$40^{+0.03}_{0}$ mm、∅8H7 mm的内孔的同轴度必须控制在0.05之内。

（2）腰形槽总长$67^{+0.06}_{0}$的尺寸必须要保证。

（3）∅8H7的内孔必须用H7的塞规检验。

（4）清理残料时要注意保证已加工好的零件轮廓。

（二）加工过程中容易出现问题以及解决办法

（1）三爪卡盘在使用时，寻找卡盘的中心线时，误差要尽量的小。

（2）看清图样特别是内轮廓的加工，编写程序时预防刀补干涉。

（3）在腰行槽铣削加工时，分清顺逆铣，采用顺铣，以提高尺寸精度和表面粗糙度。

（4）相关坐标点的计算（可借助CAD软件）。

（5）注意换刀时刀具长度的补偿。

（6）注意清理残料时，防止铣伤工件。

项目总结

一、项目总结评价

项目总结评价如表13-6。

表13-6　项目总结评价

班级：_____	指导教师：_____
小组：_____ 姓名：_____	日　　期：_____

评价项目	评价标准	评价依据	评价方式			权重	得分小计
			学生自评 20%	小组自评 30%	教师评价 50%		
职业素养	1. 准守实训规章制度、劳动纪律 2. 按时按质完成工作任务 3. 积极主动完成工作任务，勤学好问 4. 人身安全与设备安全	1. 出勤 2. 工作态度 3. 劳动纪律 4. 团队协作精神				0.3	
专业能力	1. 数控编程方法 2. 正确合理选用工、量、刀具 3. 操作准确规范 4. 分析判断准确 5. 零件能保证质量	1. 操作的准确性和规范性 2. 工作页或项目技术总结完成情况 3. 专业技能任务完成情况				0.5	

评价项目	评价标准	评价依据	评价方式			权重	得分小计
			学生自评20%	小组自评30%	教师评价50%		
创新能力	1. 在任务完成过程中能提出自己的有一定见解的方案 2. 在教学或生产管理上提出建议，具有创新性	1. 方案的可行性及意义 2. 建议的可行性				0.2	
总计							

二、实习总结报告

（1）自我总结在本次课题项目中出现的主要问题和难点及解决方法，如：

①零件轮廓外形铣伤的原因是什么？

②铣削过程中打刀的原因在哪里？

（2）指导教师总结本次课程的重点和学习训练过程中发现的普遍性问题、技术难点，总结实训中安全质量问题等。

项目训练

如图13-5所示，为一个综合类零件的加工，材料为45#钢，试编写其数控加工程序，要求如下：

（1）确定加工工序卡。

（2）确定加工刀具卡。

（3）采用旋转、极坐标、固定循环等功能简化编程。

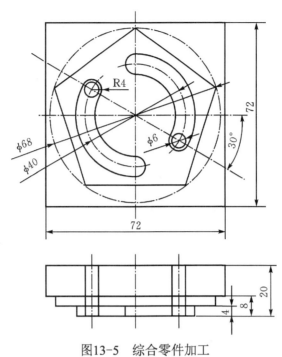

图13-5 综合零件加工

工件质量检验及质量分析如表13-7所示。

表13-7 工件质量评分表

工作编号				总得分		
项目与配分		序号	技术要求	配分	评分标准	检测记录	得分
工件加工评分（80%）	外形轮廓与孔（76）	1	圆内接正五边形	14	出错全扣		
		2	斜角30°	6	出错全扣		
		3	斜角30°	6	出错全扣		
		4	圆弧凸台∅68 mm	8	出错全扣		
		5	圆弧凸台∅40 mm	8	出错全扣		
		6	圆弧R4	5	出错全扣		
		7	圆弧R4	5	出错全扣		
		8	∅6 mm通孔	7	出错全扣		
		9	∅6 mm通孔	7	出错全扣		
		10	深4 mm	5	出错全扣		
		11	深6 mm	5	出错全扣		

续表

项目与配分		序号	技术要求	配分	评分标准	检测记录	得分
工件加工评分（80%）	其他（4）	12	工件按时完成	/	不超时		
		13	工件无缺陷	4	缺陷一处扣2分		
程序与工艺（10%）		14	程序正确合理	5	每错一处扣2分		
		15	加工工序卡	5	不合理每处扣2分		
机床操作（10%）		16	机床操作规范	5	出错一处扣2分		
		17	工件、刀具装夹	5	出错一处扣2分		
安全文明生产（倒扣分）		18	安全装夹	倒扣	出现安全事故停止操作或酌扣5～30分		
		19	机床整理	倒扣			

思考与练习

极坐标编程

1. 极坐标指令

G16极坐标生效指令。

G15极坐标取消指令。

使用极坐标指令后，坐标值以极坐标方式指定，以及坐标半径及极坐标角度来确定点的位置。

极坐标半径——用所选平面的第一坐标轴地址来指定。

极坐标角度——用所选平面的第二坐标地址来指定极坐标角度，极坐标的零度方向为第一坐标轴的正方向，逆时针方向为角度方向的正向。

2. 极坐标系原点

极坐标系原点的指定方式有两种：一种是以工件坐标系的零点作为极坐标原点；另一种是以刀具当前的位置作为极坐标系原点。

当以工件坐标系零点作为极坐标系原点时，应使用绝对值编程方式。另外当以刀具当前位置作为极坐标系原点时，应使用增量值编程方式。

3. 极坐标的应用

通常情况下，极坐标编程较为适合于圆周分布的孔类零件（如法兰零件），以及图样和尺寸以半径与角度形式标注的零件（如多边形铣形）。

结合图13-5所示综合零件加工，使学生能够将极坐标编程指令运用到综合零件加工练习中。

项目十四

异形底板

项目导入

本项目主要是综合零件的加工，如图14-1所示旨在强化零件的加工工艺、加工方法、综合手工编程以及介绍使用Master CAM软件来实现自动编程。综合应用所学的数控加工知识。

项目特点：

（1）掌握铣削加工的工艺知识。

（2）掌握综合件的编程思路。

（3）能编制综合件的加工程序。

（4）能使用Master CAM软件来进行零件的仿真加工和自动编程。

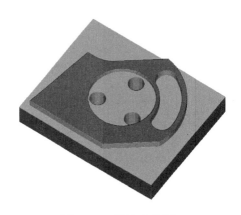

图14-1　项目实体图

项目指定

一、项目内容

本项目要求加工如图14-1所示的异形底板、首先读图、识图，编制该零件的加工工艺，编制完成零件的加工程序，加工完成后进行质量检验和质量分析，并写出总结。

二、重点与难点

（1）数控指令的综合应用。

（2）编制零件的加工工工艺。

（3）合理的选择加工刀具。

（4）采用定制刀具对孔尺寸的控制。

（5）编程技巧的使用。

三、相关知识与技能要点

（1）零件加工工艺的合理安排。

（2）Master CAM软件的应用。

项目计划

一、项目任务分析

1. 项目特点

本项目为异形底板的加工，熟练代码的综合应用，掌握中等复杂内零件在数控铣床上的加工制造，工艺的编制、刀具的选用、切削用量的合理选择等。同时使用Master CAM软件来实现自动编程加工。

2. 项目中的关键工作

本项目的关键工作为多型板加工的工艺的合理安排，及Master CAM软件的使用。

3. 完成时间

此工件的加工时间为：480分钟/人。

二、分工与进度计划

1. 成员分组

每组5人，根据学生的总人数酌情分为4～6个小组，并由教师指定或由学生自己选出小组长一名，学习过程中由小组长组织学生进行讨论和资料的收集及整理。学生分组时注意学生的搭配，特别应该注意由于每个学生的学习能力有强有弱，每个小组的学生配备应该均衡、优生差生相结合，这样才能取得较好的学习效果。

2. 编写项目计划

项目计划如表14-1所示。

表14-1　项目计划

任务	内容	时间/h	人员	备注
任务一	图纸分析	2	每组人员	
任务二	工艺分析及工艺编制	3	每组人员	
任务三	程序编制及软件自动编程	5	每组人员	小组所有人员进行讨论、查阅相关资料
任务四	零件加工	4	每组人员	
任务五	零件检验及质量分析并写出质量总结报告	3	每组人员	

项目准备

一、资源要求

（1）设备：数控铣床一台型号为GSK-990MA、每组学生配备一台设备。

（2）数控刀排及刀套若干。

（3）通用量具及工具若干。

（4）原材料的准备。本项目使用材料为45#钢，材料尺寸为：105×85×25，学生人均一件。材料需经过普通铣床前期加工，有条件的可选择平面磨床磨削两个大底面。

二、相关资料

《金属切屑手册》、《铣工工艺学》、《数控铣床的编程及操作》等。

三、项目知识准备

（1）认真分析零件图纸，确定装夹方式及基准的选择。

普通铣床采用平口钳装夹工件，按照平口钳装夹的相关注意事项装夹工件。数控加工中使用等高垫铁，采用一个大底面作为基准定位。

精基准的选择重点考虑：如何较少误差，定位精度。

原则一为基准重合原则：利用设计基准做为定位基准，即为基准重合原则。

原则二为基准同一原则：在大多数工序中，都使用同一基准的原则。这样轻易保证各加工表面的相互位置精度，避免基准变换所产生的误差。

（2）注意刀具的选则特点和切削用量的选择。

（3）根据零件的技术要求和结构特点，拟定零件的加工工艺、各个面的粗精加工和加工顺序。

（4）拟定零件的检测方法，保证加工精度。

（5）Master CAM软件的使用。

构图面、构图深度、二维刀具路径的规划、刀具及切削用量参数的设置、后处理程序及零件加工程序的传输等设置。

在数控机床的程序输入操作中，如果采用手动数据输入的方法往CNC中输入，一是操作、编辑及修改不便；二是CNC内存较小，程序比较大时就无法输入。为此，我们必须通过传输（电脑与数控CNC之间的串口联系，即DNC功能）的方法来完成。

FANUC中使用CF卡传输步骤：

①请确认输入设备是否准备好（计算机或CF卡），如果使用CF卡，在SETTING画面I/O通道一项中设定I/O＝4。如果使用RS232C则根据硬件连接情况设定I/O＝0或I/O＝1（RS232C口1）。

②让系统处于EDIT方式。

③计算机侧准备好所需要的程序画面（相应的操作参照所使用的通讯软件说明书），如果使用CF卡，在系统编辑画面翻页，在软键菜单下选择"卡"，可察看CF卡状态。

④按下功能键，显示程序内容画面或者程序目录画面。

⑤按下软键【（OPRT）】，中文为【操作】键。

⑥按下最右边的软键 （菜单扩展键）。

⑦输入地址O后，输入程序号。如果不指定程序号，就会使用计算机中默认的程序号。

⑧按下软键【READ】或【读入】然后按【EXEC】或【执行】，程序被输入，并赋以第7步中指定的程序指定与已存在的程序相同的程序号如果试图以与已注册程序相同的程序号注册新程序，就会出现P/S报警073号，并且该程序不能被传输。

项目实施

项目零件图如图14-2所示。

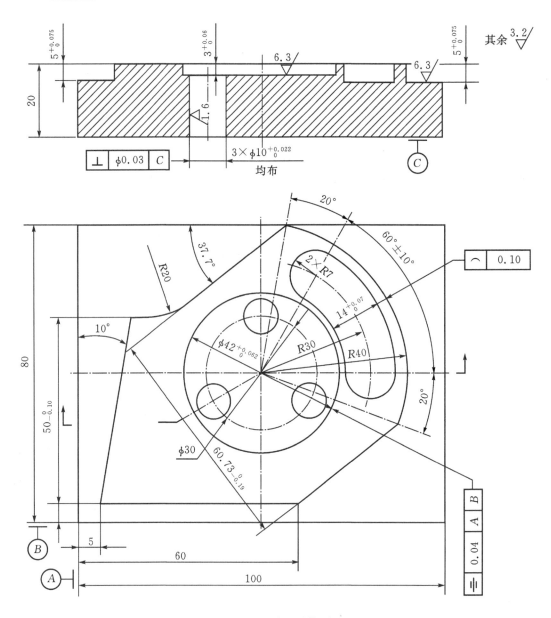

图14-2　项目零件图

一、图纸分析及技术要求

（1）看懂图纸，要求学生能够画出此零件的零件图和三维图。

（2）该项目要求学生在数控铣床上加工出该零件，保证零件图所要求的各项尺寸精度。

（3）零件图上的毛坯料在加工前需要普通铣床配合，使四方料的六面都要到达图示尺寸，粗糙度要求在3.2。毛坯尺寸为（100±0.027）mm×（80±0.023）mm×20 mm；长度方向侧面对宽度侧面及底面的垂直度公差为0.03；零件材料为45#钢，表面粗糙度为R_a3.2。如果有条件许可的情况下，可以采取使用平面磨床来磨削两个大平面，使精度等够更高。

（4）从图14-2上看，三个孔及腰形槽的精度较高。均采用粗精铣的办法来控制尺寸，$14^{+0.07}_{0}$的腰槽采用粗精铣的方法控制，$\varnothing 10$的三个孔的孔表面粗糙度值为1.6。采用钻、铰的方法加工。其次是异形外形的尺寸及角度的控制，不仅要保证尺寸$60.73^{0}_{-0.19}$，而且要保证个边的夹角和圆弧度。保证个行为公差要求。

（5）注意$\varnothing 42^{+0.062}_{0}$孔的加工及孔尺寸精度的控制，同样使用粗精加工的办法，保证其在公差范围之内。防止和腰形槽之间变形。

（6）按照技术要求，提高生产效率，该零件的残料加工也必须在数控铣床上完成，要求学生能够分析出剩余残料的位置，用程序清除多余残料，不能用手动清除残料。

（7）能够正确使用工卡量具检测工件。

二、工艺分析及工艺编制

（一）工艺分析

该零件包含了外形轮廓、圆形槽、腰形槽和孔的加工，有较高的尺寸精度和垂直度、对称度等形位精度要求。编程前必须详细分析图纸中各部分的加工方法及走刀路线，选择合理的装夹方案和加工刀具，保证零件的加工精度要求。

外形轮廓中的50和60.73两尺寸的上偏差都为零，可不必将其转变为对称公差，直接通过调整刀补粗精铣的方法来达到公差要求；$3 \times \varnothing 10$孔尺寸精度和表面质量要求较高，并对C面有较高的垂直度要求，需要钻、铰削加工，并注意以C面为定位基准；$\varnothing 42$圆形槽有较高的对称度要求，对刀时X、Y方向应采用寻边器碰双边，准确找到工件中心。初步加工方案如下：

（1）外轮廓的粗、精铣削，批量生产时，粗精加工刀具要分开，粗加工留0.2 mm余量。

（2）加工$3 \times \varnothing 10$孔。

（3）圆形槽粗、精铣削。

（4）腰形槽粗、精铣削。

（二）工件的定位与夹紧

选用机用平口钳装夹定位，工件上表面高出钳口8 mm左右。校正固定钳口的平行度以及工件上表面的平行度，确保精度要求。注意安装时清理平口钳底部。

（三）编程原点的确定（工件坐标系的建立）

考虑到圆形槽的对称度要求，以四方毛坯中心做为编程原点，建立工件坐标系。

加工方案及工艺路线的确定。

①加工方案。

采用先粗加工后精加工的加工方案。

②工艺路线。

外轮廓残料的加工。

粗铣外轮廓尺寸，留精加工余量0.2～0.3 mm。

打 $\varnothing$ 10三个孔的中心孔。

钻削 $\varnothing$ 10三个孔，给铰孔留0.2 mm 左右的余量。

粗铣 $\varnothing$ 40的内孔，留精加工余量0.2～0.3 mm。

粗铣腰形槽，留精加工余量0.2～0.3 mm。

精铣外轮廓尺寸，到尺寸公差范围内。

精铣 $\varnothing$ 40的内孔，到尺寸公差范围内。

精铣腰行槽，到尺寸公差范围内。

铰 $\varnothing$ 10的通孔，到尺寸公差范围内。

（四）相关的数值计算（借助CAD/CAM软件获取查询的点）

切削过程刀具轨迹路线图如图14-3、14-4所示。

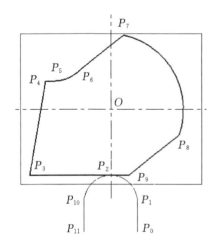

P_0（15，−65）
P_1（15，−50）
P_2（0，−35）
P_3（−45，−35）
P_4（−36.184，15）
P_5（−31.444，15）
P_6（−19.214，19.176）
P_7（6.944，39.393）
P_8（37.589，−13.677）
P_9（10，−35）
P_{10}（−15，−50）
P_{10}（−15，−50）
P_{11}（−15，−65）

图14-3　刀具轨迹路线图

外形轮廓各点坐标及切入切出图形，见图14-3、图14-4。

刀具由 P_0 点下刀，通过 $P_0 P_1$ 直线建立左刀补，沿圆弧 $P_1 P_2$ 切向切入，走完轮廓后由圆弧$P_2 P_{10}$切向切出，通过直线$P_{10} P_{11}$取消刀补。粗、精加工采用同一程序，通过设置刀补值控制加工余量和达到尺寸要求。

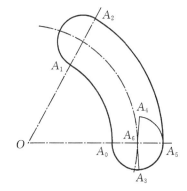

A_0（30，0）
A_1（30.5，−6.5）
A_2（37，0）
A_3（18.5，32.043）
A_4（11.5，19.919）
A_5（23，0）
A_6（30.5，6.5）

图14-4　腰形槽各点坐标及切入切出路线图

 （五）数控加工工序卡片

加工工序内容见表14-2。

表14-2　数控加工工序卡

单 位	数控加工工序卡片		产品名称	零件名称	材 料	图号
			异形底板		45#	K14
工序号	程序编号	夹具名称	夹具编号	设备名称	编制	审核
				FANUC		
工步号	工步内容	刀具号	刀具规格	主轴转速 /（r/min）	进给速度 /（mm/min）	背吃刀量 /mm
1	去除轮廓边角料	T01	$\varnothing$20 mm立铣刀	300	50	
2	粗铣外轮廓	T01	$\varnothing$20 mm立铣刀	350	50	
3	钻中心孔	T02	$\varnothing$3 mm中心钻	1200	80	
4	钻3×$\varnothing$10底孔	T03	$\varnothing$9.7 mm麻花钻	1500	100	
5	粗铣圆形槽	T04	$\varnothing$20 mm键槽铣刀	350	50	
6	粗铣腰形槽	T05	$\varnothing$12 mm键槽铣刀	450	50	
7	精铣外轮廓	T06	$\varnothing$18 mm立铣刀	500	80	
8	精铣圆形槽	T07	$\varnothing$16 mm立铣刀	500	80	
9	精铣腰形槽	T08	$\varnothing$12 mm立铣刀	750	60	
10	铰削$\varnothing$10孔	T09	10H7 mm铰刀	100	40	

(六) 工、量具清单

工、量具清单如表14-3所示。

表14-3 工、量具清单

零件名称			异形底板		零件图号		14
项目	序号	名称	规格	精度	单位	数量
量具	1	深度游标卡尺	0～200	0.02	把	1
	2	粗糙度样块	N0～N1	12级	副	1
	3	游标卡尺	0～150	0.02	把	1
	4	塞规	∅10H7		个	1
	5	外径千分尺	75～100	0.01	把	1
	6	R规			套	1
	7	内径表	35～50	0.01	把	1
	8	塞规	14H7		个	1
	9	万能角度尺		0.1	把	1
工具	18	磁力百分表座	0～0.8		个	1
	19	铜棒			个	1
	20	平行垫铁			副	若干
	21	平口钳	∅160		个	1
	22	活扳手	12′		把	1
机床	23	FANUC				

三、程序编制

1. 手工编程

（1）铣削外形轮廓。程序如下：

O1234

N10 G17 G21 G40 G54 G80 G90 G94；   程序初始化

N20 G00 Z50.0 M07；   刀具定位到安全平面，启动主轴

N30 M03 S350；

N40 G00 X15.0 Y-65.0；　　　　　　　达到P_0点

N50 Z-5.0；　　　　　　　　　　　　下刀

N60 G01 G41 Y-50.0 D01 F100；　　　通过调整到刀补加工残料

N70 G03 X0.0 Y-35.0 R15.0；　　　　切向切入

N80 G01 X-45.0 Y-35.0；　　　　　　铣削外形轮廓

N90 X36.184 Y15.0；

N100 X-31.444 ；

N110 G03 X-19.214 Y19.176 R20.0；

N120 G01 X6.944 Y39.393；

N130 G02 X37.589 Y-13.677 R40.0；

N140 G01 X10.0 Y-35；

N150 X0；

N160 G03 X-15.0 Y-50.0 R15；　　　切向切出

N170 G01 G40 Y-65.0；　　　　　　　取消刀补

N180 G00 Z50.0 M09

N190 M05；

N230 M30；　　　　　　　　　　　　程序结束

（2）加工3×∅10孔和垂直进刀工艺孔。首先安装中心钻（T02）并对刀，孔加工程序如下：

O0003

N10 G17 G21 G40 G54 G80 G90 G94；　　程序初始化

N20 G00 Z50.0 M07；　　　　　　　　刀具定位到安全平面，启动主轴

N30 M03 S2000；

N40 G99 G81 X12.99 Y-7.5 R5.0 Z-5.0 F80；钻中心孔

N50 X-12.99；

N60 X0.0 Y15.0；

N70 Y0.0；

N80 X30.0；

N100 G00 Z180.0 M09；　　　　　　　刀具抬到手工换刀高度

N105 X150 Y150；　　　　　　　　　　移到手工换刀位置

N110 M05；

N120 M00；　　　　　　　　　　　　程序暂停，手工换T03刀，换转速

N130 M03 S600;

N140 G00 Z50.0 M07;　　　　　　　　刀具定位到安全平面

N150 G99 G83 X12.99 Y-7.5 R5.0 Z-24.0 Q-4.0 F80;

　　　　　　　　　　　　　　　　　钻3×∅10底孔和垂直进刀工艺孔

N160 X-12.99;

N170 X0.0 Y15.0;

N180 G81 Y0.0 R5.0 Z-2.9;

N190 X30.0 Z-4.9;

N200 G00 Z180.0 M09;　　　　　　　刀具抬到手工换刀高度

N210 X150 Y150;　　　　　　　　　　移到手工换刀位置

N220 M05;

N230 M00;　　　　　　　　　　　　　程序暂停，手工换T04刀，换转速

N240 M03 S200;

N250 G00 Z50.0 M07;　　　　　　　　刀具定位到安全平面

N260 G99 G85 X12.99 Y-7.5 R5.0 Z-24.0 Q-4.0 F80;

　　　　　　　　　　　　　　　　　铰3×∅10孔

N270 X-12.99;

N280 G98 X0.0 Y15.0;

N290 M05;

N300 M30;　　　　　　　　　　　　　程序结束

（3）圆形槽铣削。圆形槽铣削程序如下：

①粗铣圆形槽

O0004

N10 G17 G21 G40 G54 G80 G90 G94;　　程序初始化

N20 G00 Z50.0 M07;　　　　　　　　刀具定位到安全平面，启动主轴

N30 M03 S500;

N40 X0.0 Y0.0;

N50 Z10.0;

N60 G01 Z-3.0 F40;　　　　　　　　下刀

N70 X5.0 F80;　　　　　　　　　　　去除圆形槽中材料

N80 G03 I-5.0;

N90 G01 X12.0;

N100 G03 I-12.0；

N110 G00 Z50 M09；

N120 M05；

N130 M30；　　　　　　　　　　　　　程序结束

②半精、精铣圆形槽边界。

半精、精加工采用同一程序，通过设置刀补值控制加工余量和达到尺寸要求。程序如下（程序中切削参数为半精加工参数）：

O0005

N10 G17 G21 G40 G54 G80 G90 G94；　　　程序初始化

N20 G00 Z50.0 M07；　　　　　　　　　刀具定位到安全平面，启动主轴

N30 M03 S600；

N40 X0.0 Y0.0；

N50 Z10.0；

N60 G01 Z-3.0 F40；　　　　　　　　　下刀

N70 G41 X-15.0 Y-6.0 D05 F80；

N80 G03 X0.0 Y-21.0 R15.0；　　　　　切向切入

N90 G03 J21.0；　　　　　　　　　　　铣削圆形槽边界

N100 G03 X15.0 Y-6.0 R15.0；　　　　　切向切出

N110 G01 G40 X0.0 Y0.0；　　　　　　　取消刀补

N120 G00 Z50 M09；

N130 M05；

 N140 M30；　　　　　　　　　　　　　程序结束

（4）铣削腰形槽。

①粗铣腰形槽。粗铣腰形槽程序如下：

O0006

N10 G17 G21 G40 G54 G80 G90 G94；　　　程序初始化

N20 G00 Z50.0 M07；　　　　　　　　　刀具定位到安全平面，启动主轴

N30 M03 S600；

N40 X30.0 Y0.0；　　　　　　　　　　到达预钻孔上方

N50 Z10.0；

N60 G01 Z-5.0 F40；　　　　　　　　　下刀

N70 G03 X15.0 Y25.981 R30.0 F80；　　　粗铣腰形槽

N80 G00 Z50 M09；

N90 M05；

N100 M30；　　　　　　　　　　　　　程序结束

②半精铣削腰开槽。程序如下（程序中切削参数为半精加工参数）：

O0007

N10 G17 G21 G40 G54 G80 G90 G94；　　程序初始化

N20 G00 Z50.0 M07；　　　　　　　　　刀具定位到安全平面，启动主轴

N30 M03 S600；

N40 X30.0 Y0.0；

N50 Z10.0；

N60 G01 Z-3.0 F40；　　　　　　　　　下刀

N70 G41 X30.5 Y-6.5 D06 F80；

N80 G03 X37.0 Y0.0 R6.5；　　　　　　切向切入

N90 G03 X18.5 Y32.043 R37.0；　　　　铣削腰形槽边界

N100 X11.5 Y19.919 R7.0 ；

N110 G02 X23.0 Y0 R23.0；

N120 G03 X37.0 R7.0；

N130 X30.5 Y6.5 R6.5；

N140 G01 G40 X30.0 Y0.0；　　　　　　取消刀补

N150 G00 Z50 M09；

N160 M05；

 N170 M30；　　　　　　　　　　　　　程序结束

（5）铰削∅10孔。程序如下：

根据具体情况，检查铰刀，加注切削液。

N10 G17 G21 G40 G54 G80 G90 G94 ；　程序初始化

N20 G00 Z50.0 M07；　　　　　　　　　刀具定位到安全平面，启动主轴

N30 M03 S100；

N40 G99 G81 X12.99 Y-7.5 R5.0 Z-22 F40；钻中心孔

N50 X-12.99；

N60 X0.0 Y15.0；

N100 G00 Z180.0 M09；

M02；

2. CAM编程

使用Master CAM软件来实现零件的自动编程，简化必要的数学计算，把数学计算转化成绘图处理和刀具路径规划，最终实现零件的粗精加工。达到加工技术要求。具体操作步骤如下：

（1）在Windows操作界面上双击Master CAM图标 或者选择【开始】→【程序】→图标命令，进入Master CAM9.0初始界面。

（2）可以采用两种方法把必要的线框画在Master CAM9.0软件里面。也可以通过Auto CAD软件画出图形，另存为 `AutoCAD 2000/LT2000 图形 (*.dwg)` 格式或者 `AutoCAD R12/LT2 DXF (*.dxf)` 导入Master CAM9.0软件里面，实现刀具路径的规划。

（3）具体绘图步骤简略，绘制完成及导入如图14-5所示。

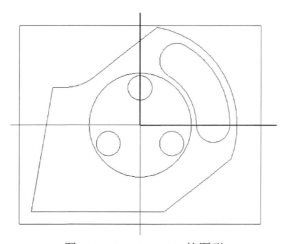

图14-5　Master CAM的图形

（4）刀具路径规划按照上述的数控加工工艺卡片要求，逐步实现刀具路径规划及设置。

①选择刀具路径Toolpaths、二维粗加工Contour、串联Chain、外形轮廓、执行。

②在弹出的空白对话框出单击右键，选择【从刀具库中选择刀具】或者【建立新刀具】选项，如图14-6所示。选择刀具，粗加工选择一把∅20的立铣刀刀。

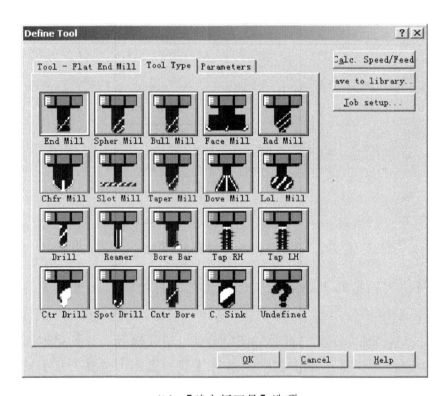

（a）【从刀具库中选择刀具】选项

（b）【建立新刀具】选项

图14-6 刀具选择

③在【刀具参数】设置卡中，设定刀具的主轴转速"300 r/min"，铣削进给率"50 mm/min"，Z轴下刀进给率"50 mm/min"，和提刀速率为"G0"快速提刀，冷却方式为液冷，如图14-7所示。

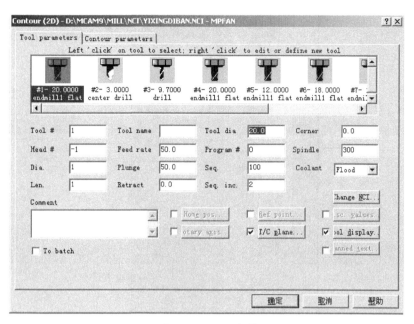

图14-7　切削参数

④在【二维刀具路径】选项卡中设置：刀具的安全高度"100 mm"（最后提刀高度），参考高度"50 mm"，进给下刀位置"1 mm"，增量坐标，粗加工设置预留量为"0.2 mm"，深度为"5 mm"，如图14-8所示外形轮廓一次加工不完成，需要清根，故在刀具路径规划时采取XY方向分层，考虑到圆弧切入和切除，采用圆弧进刀和退刀的方式来加工，如图14-9所示。

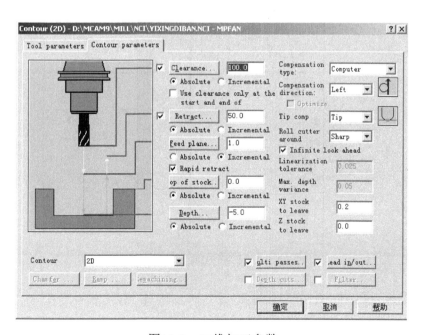

图14-8　二维加工参数

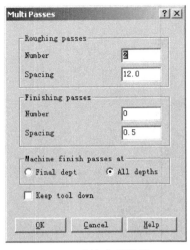
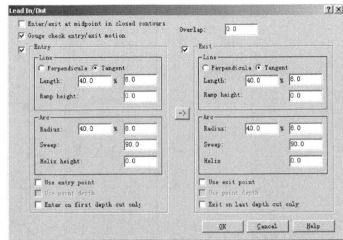

(a) *XY*方向分层设置　　　　　　　(b) 进退刀设置

图14-9　分层及进退刀参数

⑤生成二维刀具路径图，如图14-10所示。

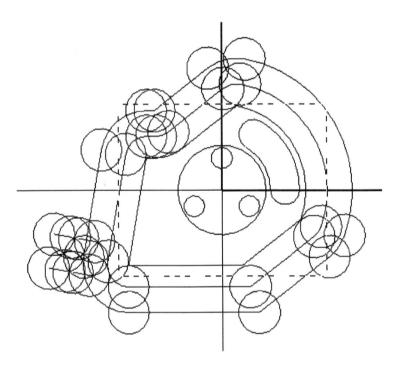

图14-10　二维粗加工刀具路径

⑥粗加工外形仿真，如图14-11所示。

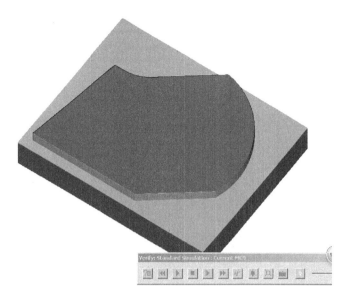

图14-11 仿真粗加工

⑦打引导孔，选择刀具路径 **Toolpaths**、钻孔加工 **Drill**、手动选择 **Manual**、选取三个孔的圆心、执行。在弹出的空白对话框出单击右键，【从刀具库中选择刀具】或者【建立新刀具】选项，同上述粗加工选刀如图14-6所示。

⑧在【刀具参数】设置卡中，设定刀具的主轴转速"1200 r/min"，铣削进给率"80 mm/min"，和提刀速率为"G0"快速提刀，冷却方式为液冷，如图14-12所示。

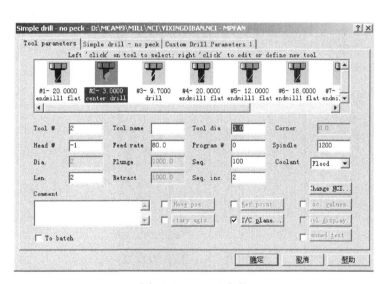

图14-12 刀具参数

⑨在【钻孔刀具路径】选项卡中设置：刀具的安全高度"100 mm"（最后提刀高度），进给下刀位置"1 mm"，增量坐标，深度为3 mm。选择 Drill/Counterbore 方式钻中心孔，如图14-13所示。

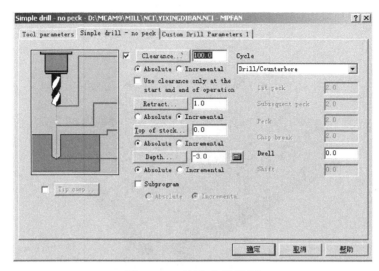

图14-13 钻孔参数设置

⑩刀具路径及实体仿真雷同于粗加工。

⑪选择刀具路径 **Toolpaths**、钻孔加工 **Drill**、手动选择 **Manual**、选取三个孔的圆心、执行。使用∅9.7钻头钻削。选择啄钻的方式加工，**Peck drill** 也可以选择G98的方式来加工 **Chip Break**，但是需要在后处理程序中改成G98指令，如图14-14所示。其余类同。

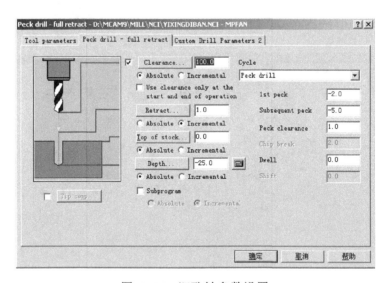

图14-14 深孔钻参数设置

⑫使用∅20键槽铣刀和∅12键槽铣刀粗铣削∅42圆形槽和∅14腰形槽的刀具路径给规划和粗加工外形路径一致，如图14-15所示。给精加工留量0.2 mm。只是需要注意的是下刀位置的变化和设置影响加工技术要求。最好是在圆形槽和腰槽中心位置作为起刀点，如图14-16所示。

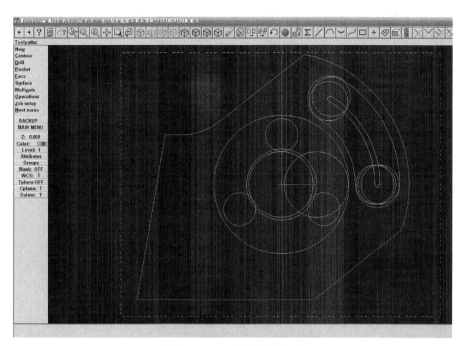

图14-15 刀具路径显示

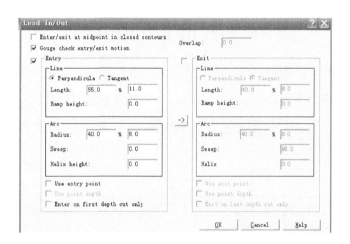

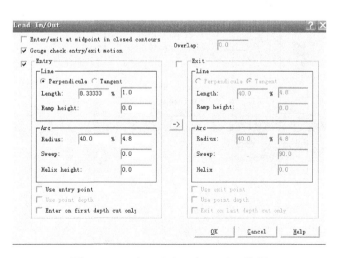

图14-16 ∅42及∅14中心下刀位置

⑬∅42圆形槽和∅14腰形槽的精加工可以通过留量的方式来处理。也可以通过设置刀具补偿的方式来实现粗精加工，具体如图14-17所示。

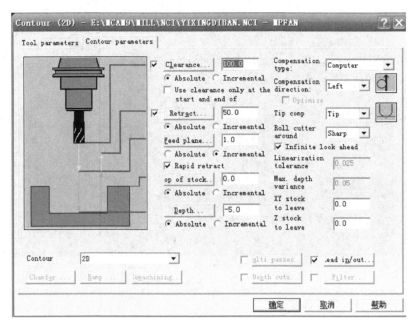

图14-17　刀具补偿设置方式

留量的方式粗精加工，根据实际尺寸可以把"0"改成"−0.1"等合适参数。

也可以通过从控制方式中选择【Wear】的方式来使用刀具半径补偿来控制尺寸公差的调整。如图14-18所示注意使用这种方式的时候需要在机床刀具半径补偿的参数中或者磨耗中去设置相应的值。

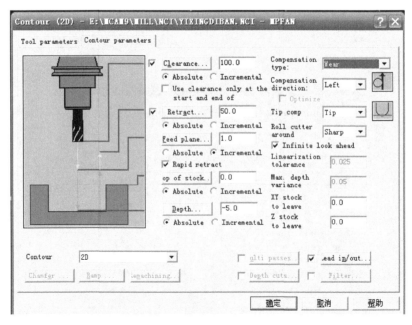

图14-18　刀具半径补偿控制方式

⑭铰孔和钻铣中心空的方式一样，但是值得注意的是：铰孔时适当加润滑油，有利于改善孔的表面粗糙度值。其次，切削用量的使用尤为关键，特别是看使用的哪一种材料的铰刀，哪一种材料的工件。

⑮最终的模拟刀具路径，如图14-19所示：

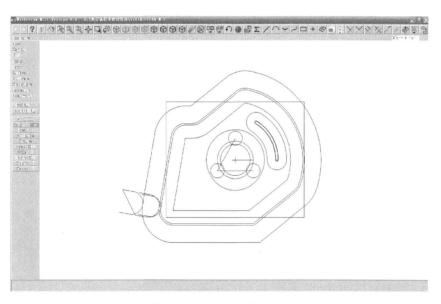

图14-19　刀具路径全图

⑯实体仿真模拟如图14-20所示。

图14-20　实体仿真

⑰加工程序如图14-21所示。

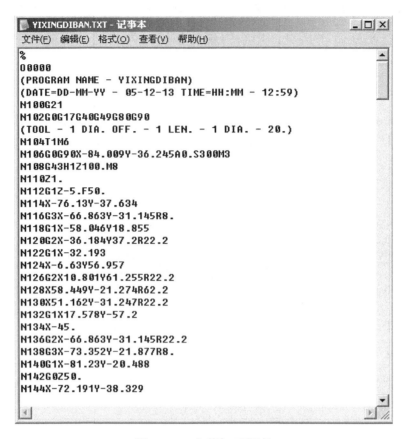

图14-21 完整加工程序

⑱加工程序的的后处理及程序传输。

一般设置如下：端口com1、波特率9600、数据位7、奇偶数偶、停止位2、流控制硬件。记得要把电脑里上述参数跟软件里的设成一致。电脑里的波特率只能比机床里的低或相等。

注意事项：

①铣削外形轮廓时，刀具应在工件外面下刀，注意避免刀具快速下刀时与工件发生碰撞。

②使用键槽铣刀或者立铣刀粗铣圆形槽和腰形槽时，可以先在工件上钻工艺孔，避免立铣刀中心垂直切削工件。本文采用键槽铣刀直接从中心垂直进刀。

③精铣时刀具应切向切入和切出工件。在进行刀具半径补偿时，切入和切出圆弧半径应大于刀具半径补偿设定值。

④精铣时应采用顺铣方式，以提高尺寸精度和表面质量。

⑤铣削腰形槽的R7内圆弧时，注意调低刀具进给率。

四、零件加工

（一）加工前准备

（1）安装平口钳及机床垫铁，保证垫铁上表面和机床工作台的平行度。

（2）检查机床润滑油，如果不够，请及时加注润滑油的规定标线。

（3）安装刀具到机床主轴，填写刀具补偿参数，注意刀具切勿伸出刀套太长，以免影响刀具强度。

（4）用压板或者螺钉把平口钳固定在机床工作台面上，校正平口钳的固定钳口和机床工作台平行度误差在0.02之内，装夹工件，敲平垫铁，要求完成后，垫铁不得随意晃动，并且高于8 mm。

（5）装夹并校正工件用百分表找工件的上表面，误差控制在0.02之内。输入加工程序，并做好程序的校验工作，确保加工前，程序必须做到准确无误。

（6）建立好工件坐标系到规定位置（四方的中心），使用寻边器多次分中工件的X方向，并以此点为工件坐标系的原点，完成零点偏移。

（7）输入程序，首件试切，测量工件尺寸，调整参数，使得工件尺寸符合图样要求。

（8）进入自动加工状态进行零件加工。

（9）加工零件。

（10）拆卸工件，修净毛刺，清理工件，使得工件处于洁净状态。

（11）做到安全文明生产，打扫场地卫生，交还工具。

（二）重点、难点注意

（1）零点偏移必须要做到精确，否则会影响到加工后的三个孔的对称度要求。

（2）注意尺寸公差的调整，保证在要求范围之内。

（3）注意刀具的长度补偿，和半径补偿。

（4）正确使用Master CAM软件，规划好刀具路径，注意切入切出的设置及粗精加工的选择和设置。

五、零件质量检验及质量分析

（一）工件的检验依据评分标准进行相关项目的检测

评分标准如表14-4所示。

表14-4　异形底板评分表

班级			姓名		学号	
零件名称	异形底板		图号		检测人	
序号	检测项目	配分	评分标准	检测结果	得分	
1	5（两处）		超差不得分			
2	60		超差不得分			
3	$50_{-0.1}^{0}$		超差不得分			
4	$60.73_{-0.19}^{0}$		超差不得分			
5	$\varnothing 42_{0}^{+0.062}$		一处超差扣1分			
6	$14_{0}^{+0.07}$		一处超差扣1分			
7	$3_{0}^{+0.06}$		超差不得分			
8	$5_{0}^{+0.075}$（两处）		超差不得分			
9	$3 \times 10_{0}^{+0.022}$		超差不得分			
10	$10°$		超差不得分			
11	$37.7°$		超差不得分			
12	$20°$（两处）		超差不得分			
13	$60° \pm 10'$		超差不得分			
14	$2 \times R7$		超差不得分			
15	$R20$		超差不得分			
16	$R30$		超差不得分			
17	$R40$		超差不得分			
18	垂直度0.03		超差不得分			
19	对称度0.04		超差不得分			
20	粗糙度1.6		一处超差扣1分			
21	安全、文明生产		违规扣分，扣完为止			

质量分析:

①垂直度必须控制在0.03之内。

②对称度必须要保证在0.04以内。

③$\emptyset 10^{+0.022}_{0}$内孔必须用H7的塞规检验。

（二）加工过程中容易出现问题以及解决办法

（1）工件垂直度达不到要求，检查工件底面和垫铁间是否有铁屑和杂物。

（2）对称度达不到要求，对刀是分中是否准确。

（3）尺寸公差超差，检查程序的正确性，检查刀具半径补偿值，检查粗精铣过程中的留量是否满足要求。

项目总结

本项目介绍了中等复杂的零件的加工工艺、编程及使用软件自动编程等方法，在加工工件时，要注意以下几点：

（1）正确选择刀具。

（2）合理使用切削用量。

（3）注意中等复杂零件的工艺安排方法。

（4）逐步理解掌握软件编程的方法。

项目训练

项目练习图如图14-22所示。

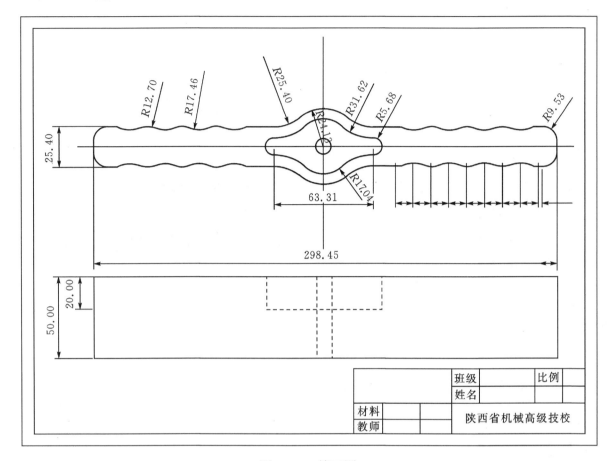

图14-22　练习图

思考与练习

（1）完成本课题任务及练习图，总结提出容易出现的问题及预防措施。并写出实训报告。

（2）知识拓展。

刀具路径规划是否有新的方法？

若果零件的材料为铝件，工艺和刀具以及切削用量又如何安排？